Heinz J. Nowarra · Dornier »Wal«

Heinz J. Nowarra

DORNIER »WAL«

Motorbuch Verlag Stuttgart

Einbandgestaltung: Johann Walentek unter Verwendung einer Vorlage des Autors.

Flugzeuge
die Geschichte machten

Eine Buchreihe im Motorbuch Verlag Stuttgart
Bisher in dieser Reihe erschienen: Concorde, Junkers Ju-52, Douglas DC-3, Starfighter F-104, Boeing 747
Weitere Bände in Vorbereitung

ISBN 3-613-01494-7

1. Auflage 1993

Ein Unternehmen der Paul Pietsch-Verlage GmbH & Co.

Satz: Alber Fotosatz GmbH, 7127 Pleidelsheim.
Reproduktion: DIE REPRO, 7146 Thamm.
Druck: Maisch & Queck, 7016 Gerlingen.
Bindung: E. Riethmüller, 7000 Stuttgart 1.
Printed in Germany

Inhalt

Vorwort

Dr. Claude Dornier, der Schöpfer der »Wal«-Flugboote und deren Weiterentwicklungen, wurde am 14. Mai 1884 in Kempten geboren.

Durch meinen inzwischen verstorbenen Freund, den »Alten Adler« Willy Hackenberger, kam ich 1961 mit der Kameradschaft der Marineflieger in Berührung. Bei den monatlichen Treffen der Berliner Gruppe, ganz besonders aber beim Jahrestreffen Mitte Juni 1991 in Hamburg und auf Helgoland, lernte ich einige Herren kennen, die, wie ich erst viel später erfuhr, in der deutschen Seefliegerei bedeutende Rollen gespielt haben, darunter General a.D. Ritter, Oberst a.D. Brembach, Oberst a.D. Antonius, Generalmajor a.D. Osterkamp, Oberst a.D. von Gronau und Oberst a.D. Cranz. In den Unterhaltungen fielen immer wieder Ausdrücke wie Reichsverband, D.V.S., Severa und andere, die mir damals unverständlich blieben. Im Laufe der Jahre habe ich dann die Zusammenhänge kennen gelernt und war froh, daß ich das damals Erfahrene im Rahmen einer Geschichte des Dornier-Wals verwenden konnte. Was mir fehlte, um diese Geschichte schreiben zu können, wurde mir durch die Hilfe folgender Personen vermittelt:

Werner Bittner, Deutsche Lufthansa, Köln
Frau Burgmaier, Dornier GmbH, Friedrichshafen
Rainer Haufschild, Berlin
H.P. Dabrowski, Hannover
R. van Wijmgaarden, Emmen, NL
Franz A. Vajda, Assesse, Belgien
Dr. Roberto Gentilli, Florenz, Italien
Johan Visser, Monnickendam, NL

Bei allen genannten Personen möchte ich mich herzlichst bedanken.

Harreshausen, den 26. März 1992
Heinz J. Nowarra

Dornier Gs I, Vorläufer des »Wal« beim Erstflug am 31. Juli 1919.

Das Flugboot Gs I wurde in der Schweiz als CH 8 zugelassen und von der Luft-Verkehrsgesellschaft »Ad Astra Aero« erprobt. Wegen der teilweise rückwärts angeordneten Sitze in der Kabine wurde das Boot nicht übernommen.

Der Anfang

Anfang 1914 stellte Graf Zeppelin, der sich durch seine Luftschiffe bereits einen Namen gemacht hatte, den jungen Ingenieur Claude Dornier ein. Der Graf, der ahnte, daß das Luftschiff nicht alle Forderungen, die an dieses gestellt werden würden, erfüllen konnte, beauftragte Dornier mit der Entwicklung großer, ganz aus Metall gebauter Flugzeuge. Im Herbst 1914 entschloß sich der Graf neben seinem Luftschiffbau auch den Flugzeugbau in das Produktionsprogramm aufzunehmen und gründete für diesen Zweck die Werft Seemoos bei Manzell am Bodensee. Bis 1918 entstanden hier die großen Flugboote Rs1 bis Rs4. Bei Rs3 und Rs4 wurde die später für die Dornier-Flugboote charakteristische Tandem-Motoren-Bauweise angewandt.

Nach dem deutschen Zusammenbruch 1918 schien alles vorbei zu sein. Dornier war inzwischen zum Geschäftsführer der Zeppelin-Werke Lindau ernannt worden, die 1919 in Dornier Metallbauten GmbH umbenannt wurden. Die Zeppelin-Werke in Reutin und Lindau wurden geschlossen, fast alle Mitarbeiter entlassen. Nur in Seemoos verblieben etwa 100 Personen, die mit der Herstellung von Eimern und Wasserkesseln beschäftigt wurden. Dornier gab aber nicht auf. Das bei Kriegsende im Bau befindliche Militär-Flugboot Gs1 wurde zum Verkehrsflugboot umkonstruiert. Im Januar 1919 brachte man die in Lindau-Reutin gebauten Bootsspanten nach Seemoos, wo in kurzer Zeit nun das Flugboot Gs1, der direkte Vorläufer des späteren »Wal« entstand. Der Erstflug des Gs1 fand am 31. Juli 1919 statt. Das Boot erhielt die Schweizer Zulassung CH8. Die Schweizer Luftverkehrsgesellschaft »Ad Astra Aero« übernahm Gs1 zur Erprobung. Zuverlässigkeit und Wirtschaftlichkeit wurden einwandfrei nachgewiesen. In den Niederlanden und in Schweden begann man sich für dieses Flugboot zu interessieren. Am 10. Dezember gab die Gesellschaft trotzdem das Boot zurück, das nun am 3. März 1920 nach Holland zur KLM geflogen wurde und auch dort positiv beurteilt wurde. Die Maschine sollte nun nach Stockholm zur Vorführung geflogen werden. Am 10. Januar 1920 war aber der Friedensvertrag von Versailles und damit das Verbot der militärischen Luftfahrt in Deutschland in Kraft getreten. Am 22. Februar 1920 nahm die Interalliierte Militär-Kontroll-Kommission (IMKK) ihre Tätigkeit auf. Diese auf deutscher Seite als »Schnüffel-Kommission« bezeichnete Institution forschte sofort nach der Gs1, obwohl diese ja ein Verkehrsflugzeug war. Aber man war ja an der deutschen Konstruktion interessiert! Bei Dornier schaltete man schnell: Um der drohenden Beschlagnahme durch die IMKK zu entgehen, versenkte man die Gs1 in der Nacht zum 25. April 1920 bei einem Zwischenaufenthalt in Kiel-Holtenau in der Ostsee. Die vielen deutschen Patente, die in der Gs1 eingebaut waren, blieben dadurch in deutscher Hand.

Die Gs1 war ein sechssitziges Passagier-Flugboot

mit zwei Maybach-Mb IVa-Motoren von je 270 PS gewesen. Gs1 war ein abgestrebter Hochdecker, bei dem der FLügel durch vier Streben gegen die Flossenstummeln abgestützt wurde. Der Flügel war eine Leichtmetall-Konstruktion mit Stoffbespannung. Der Bootsrumpf bestand größtenteils aus Duraluminium-Elementen mit den für die Dornier-Flugboote charakteristischen Flossenstummeln. Die Passagierkabine befand sich am Bug. Die Fluggäste saßen sich gegenüber, weshalb die Schweizer das Boot abgelehnt hatten. Die Motoren waren in Tandembauweise in einer Gondel auf der Tragfläche aufgebaut und trieben Zweiblatt-Luftschrauben mit 3 m Durchmesser an. Die Treibstofftanks befanden sich im Boot und faßten 900 Liter.

Technische Daten:		
Spannweite	21,0	m
Länge:	15,3	m
Leergewicht:	3115	kg
Nutzlast:	1200	kg
Fluggewicht:	4315	kg
Höchstgeschwindigkeit:	170	km/h
Dienstgipfelhöhe:	4250	m
Reichweite:	600	km

1922 wurde mit dem Bau des ersten Dornier-»Wal« in der 1921 von Dornier gegründeten Firma »Costruzioni Meccaniche Aeronautische S. A.« im italienischen Marina di Pisa begonnen.

Eine Tarnfirma machte es möglich

Der Bau der ersten Wale

Die Ereignisse in Zusammenhang mit Gs1 hatten Claude Dornier klar gemacht, daß der Bau leistungsfähiger Flugzeuge in Deutschland unter den herrschenden Verhältnissen unmöglich war. So ging er den Weg, den außer ihm auch Heinkel, Junkers und Rohrbach wählten: die Gründung von Tarnfirmen im Ausland. So kam es zur Gründung der Firma »Costruzioni Mechaniche Aeronautiche S. A.« in Marina di Pisa in Norditalien am linken Ufer der Arno-Mündung. Durch geschickte Verhandlungen mit General Echague, dem Chef der Spanischen Militärluftfahrt, gelang es Dornier, einen Auftrag zur Lieferung eines Probe-Flugzeugs zu erlangen. Der Erstflug dieser Maschine erfolgte am 6. November 1922. Dieser erste »Wal« war mit in Italien gebauten Hispano-Suiza-Motoren von je 300 PS ausgerüstet.

Am 23. Dezember 1922 unternahmen General Echague und General Vives, der Militär-Gouverneur von Cartagena, den ersten Flug mit diesem »Wal«, der so befriedigte, daß die Leistungen des Flugbootes trotz der zu schwachen Hispano-Suiza-Motoren von beiden als sensationell bezeichnet wurden. Es wurde ein Auftrag über sechs »Wale« erteilt. Der zweite »Wal« erhielt noch die Hispano-Suiza-Motoren, dann kamen englische Rolls-Royce-»Eagle«-Motoren mit 360 PS zum Einbau. Die sechs ersten »Wale« wurden wie folgt ausgeliefert: M-MWAA im November 1922, M-MWAB im Januar 1923, M-MWAC im Oktober 1923, M-MWAD im September 1923, M-MWAE und M-MWAF im November 1923. 1924-25 bestellte Spanien noch weitere sechs »Wale«, davon fünf mit Rolls-Royce-Motoren, den sechsten mit Napier »Lion«-Antrieben von 450 PS. Der Erfolg der nach Spanien gelieferten »Wale« sprach sich schnell herum. Das Ergebnis war ein Auftrag der Argentinischen Luftwaffe über fünf »Wale«. Diese erhielten aber amerikanische »Liberty«-Motoren von je 400 PS. Das italienische Luftfahrt-Ministerium bestellte auch einen dieser »Wale« mit Rolls-Royce-»Eagle«, der die zivile Kennzeichnung I-DEOR erhielt. Hatten bei Beginn der Arbeiten am Dornier-»Wal« die engsten Mitarbeiter Dorniers noch in ihren Privatwohnungen am Zeichenbrett gearbeitet, so konnten 1923 Werftanlagen in Manzell erworben werden und die Firma nach dort umziehen. Diese ersten Militär-Wale hatten folgende Abmessungen: Spannweite 22,5 m; Länge 17,25 m; Höhe 5,20 m; Flächeninhalt 96 m^2. Gewichte (mit RR »Eagle«): Leergewicht 3560 kg; Fluggewicht 5700 kg; (mit Napier »Lion«): Leergewicht 3400 kg; Fluggewicht 6800 kg. Höchstgeschwindigkeit (RR »Eagle«): 180 km/h; (Napier »Lion«) 195 km/h. Gipfelhöhe 3000 bzw. 3500 m.

1923 enstand bei C.M.A.S.A. in Pisa auch der erste »Wal« für den zivilen Luftverkehr. Es war die Werknummer 34, die in Deutschland mit der Kennung D-1012 zugelassen wurde, aber sofort auf dem Seewege nach der Insel Curaçao überführt wurde.

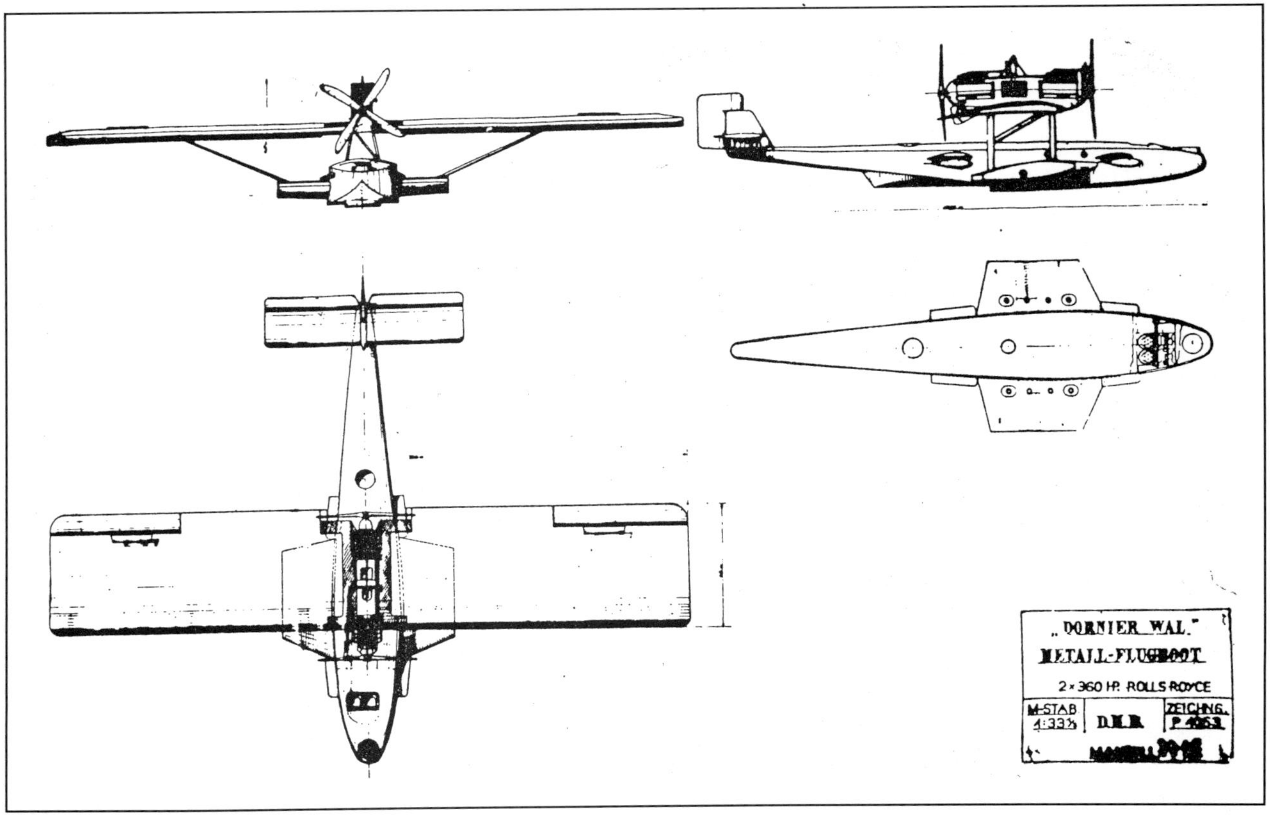

Werkszeichnung des ersten Dornier »Wal« Gs II, der bei der C.M.A.S.A. in Marina di Pisa gebaut wurde.

Dieser erste »Wal« mit der Werknr. 1 war ein Militärflugboot für die spanischen Streitkräfte. Er erhielt die Zulassung M-MWAA.

Mit diesem Boot und einem zweiten, das bald folgte, sollte Flugkapitän Freiherr von Buddenbrock die Möglichkeiten eines Luftverkehrs in Mittel- und Süd-Amerika erforschen. Die beiden Wale wurden auf die Namen »Atlantico« und »Pacifico« getauft. Buddenbrock berichtete über seinen ersten Flug bei diesen Unternehmungen: *»Dann kam der Tag, an dem wir zum ersten Mal unser Nest Curaçao, in dem wir flügge geworden waren, in Richtung Venezuela verließen, um auch dort die Menschen mit der neuen Aera bekannt zu machen. Wie gewöhnlich rollte ich zum Start in die westliche Ecke der Bucht und als ich in den Wind drehte, kam es mir vor, als sei ich etwas weiter in die Bucht hineingekommen, als ich es bisher mit Rücksicht auf die unklaren Fahrwasserverhältnisse zu tun pflegte. Jedoch zeigten sich keine Verfärbungen des Wasser, durch die sich Korallenbänke ankündigten, und wir starteten glatt und mit kurzem Anlauf gegen den strammen Nordost. Unser nächstes Ziel war Puerto Cabello, einer der kleinen Häfen an der Nordküste Venezuelas, die über eine lange Geschichte und romantische Forts verfügten, aber meist den Namen Hafen kaum verdienen… Wenn ich erwartet hatte, an der langen, gebrochenen und tektonisch vielgestaltigen Küste um die Karibensee eine Vielzahl von brauchbaren Häfen zu finden — notabene für unsere Flugboote — so sollte ich schwer enttäuscht werden. Nichtsdestoweniger hat aber gerade dieser Umstand eine besonders wertvolle Wirkung gehabt: Da die Vorbedingungen nirgends bequem, in vielen Fällen aber ausgesprochen ungünstig waren, ging die Erprobung des Materials und unsere eigene Schulung von vornherein auf einer Basis vor sich, die keine Täuschungen und falsche Schlüsse erlaubte.«* Es

Der in Marina di Pisa als Werknr. 34 gebaute Wal erhielt die Zulassung I-DOOR, wurde dann aber von Freiherr von Buddenbrock als A-19 »Atlantico« nach Südamerika überführt.

Werknr. 5 des Werkes in Pisa war wieder ein Militärflugboot für Spanien. Es wurde als M-MWAE »Cataluna« zugelassen.

1924 übernahm die Firma Kawasaki Dockyard Company Ltd. in Kobe, Japan, den Lizenzbau des »Wal«. Der erste japanische Wal erhielt die Zulassung J-BARH und ging an die Luftverkehrsgesellschaft »Nihon Koku Yuso Kaisha«.

J-BAAE war ursprünglich als J-COGI zugelassen und wurde bei Kawasaki aus J-BARH umgebaut.

sei erwähnt, daß die Qualität dieses ersten Verkehrsflugbootes dadurch bewiesen wurde, daß »Atlantico« noch 1936 bei der brasilianischen Luftverkehrsgesellschaft »Syndicato Condor« und der Nachfolge-Gesellschaft VARIG mit dem Kennzeichen P-BAAA flog. Vorläufig setzte Buddenbrock seine Erkundungs- und Erprobungsflüge in Mittelamerika, die in Habana endeten, fort. Weiter führte er auch Flüge nach Miami, Palm Beach und den Bahamas durch. Er schuf die Grundlagen für den heutigen »selbstverständlichen« Flugverkehr in diesem Gebiet.

Der spanische Hauptmann Ramon Franco lieferte dann einen ersten Beweis für die außerordentliche Leistungsfähigkeit des Wals. Im Januar 1924 flog er mit einem Wal der ersten Serie von Melilla zu den Canarischen Inseln und nach Ceuta, eine Strecke von 4474 km. Der Flug verlief ohne ernstliche Schwierigkeiten.

Nicht so glatt verlief der Flug, den Antonio Locatelli im August 1924 mit einem Militär-Wal Werknr. 19, Kennzeichen I-DEOR, unternahm. Die Maschine war vom italienischen Luftfahrtministerium für eine Nordatlantik-Überquerung bestellt worden. Die Besatzung bestand aus Locatelli als Flugzeugführer, Leutnant Crosio als zweitem Flugzeugführer, Leutnant Marescalchi als Navigator und einem Motorenwart. Nach Zwischenlandungen in Eng-

J-BCCO war bei Kawasaki die Werknr. 9 und ging ebenfalls an die »Nihon Koku Yuso Kaisha«.

Chile bestellte insgesamt acht Militär-Wale, von denen vier mit Rolls-Royce-»Eagle«-Motoren, der Rest mit Napier »Lion« geliefert wurden. In der Mitte das erste Boot Nr. 10, Werknr. 52.

Chilenischer Militär-Wal Nr. 14 war die Werknr. 55 der Firma »Costruzioni Meccaniche Aeronautiche S. A.« (CAMSA) in Marina di Pisa.

land und Schottland startete der Wal von Reykjavik und wurde durch starken Nebel gezwungen, einige Meilen vor Kap Farewall auf das Wasser niederzugehen. Man funkte zwar sofort SOS, gab auch annähernd die Position bekannt, aber es dauerte doch drei Tage und vier Nächte, bis der US-Kreuzer »Richmond« das Flugboot fand. Die Besatzung wurde an Bord genommen. Der Wal mußte aber, obwohl vollkommen unbeschädigt, seinem Schicksal überlassen werden. Es gelang nicht, das Flugboot zu schleppen oder an Bord zu nehmen.

Im September flog dann der Werkpilot Wagner der CMASA laufend und ohne jeden Zwischenfall Militär-Wale für die spanische Luftwaffe von Marina di Pisa nach Melilla; immerhin eine Strecke von 1620 km.

Im gleichen Jahr kaufte die japanische Kawasaki Dockyard Ltd. in Kobe die Nachbaurechte für den Dornier-Wal, nachdem ein erstes Musterflugzeug, Werknr. 32 und ein zweites in Verkehrsausführung, Werknr. 59, an die Japan Aeriel Navigation Co. geliefert worden war. Bei Kawasaki wurden dann drei Wale mit den Werknummern 7, 8 und 9 sowie den Kennzeichen J-BARH, J-J-BCCO und J-BCDO gebaut und an die Luftverkehrs-Gesellschaft Nihon Koku Yuso Kaisha geliefert.

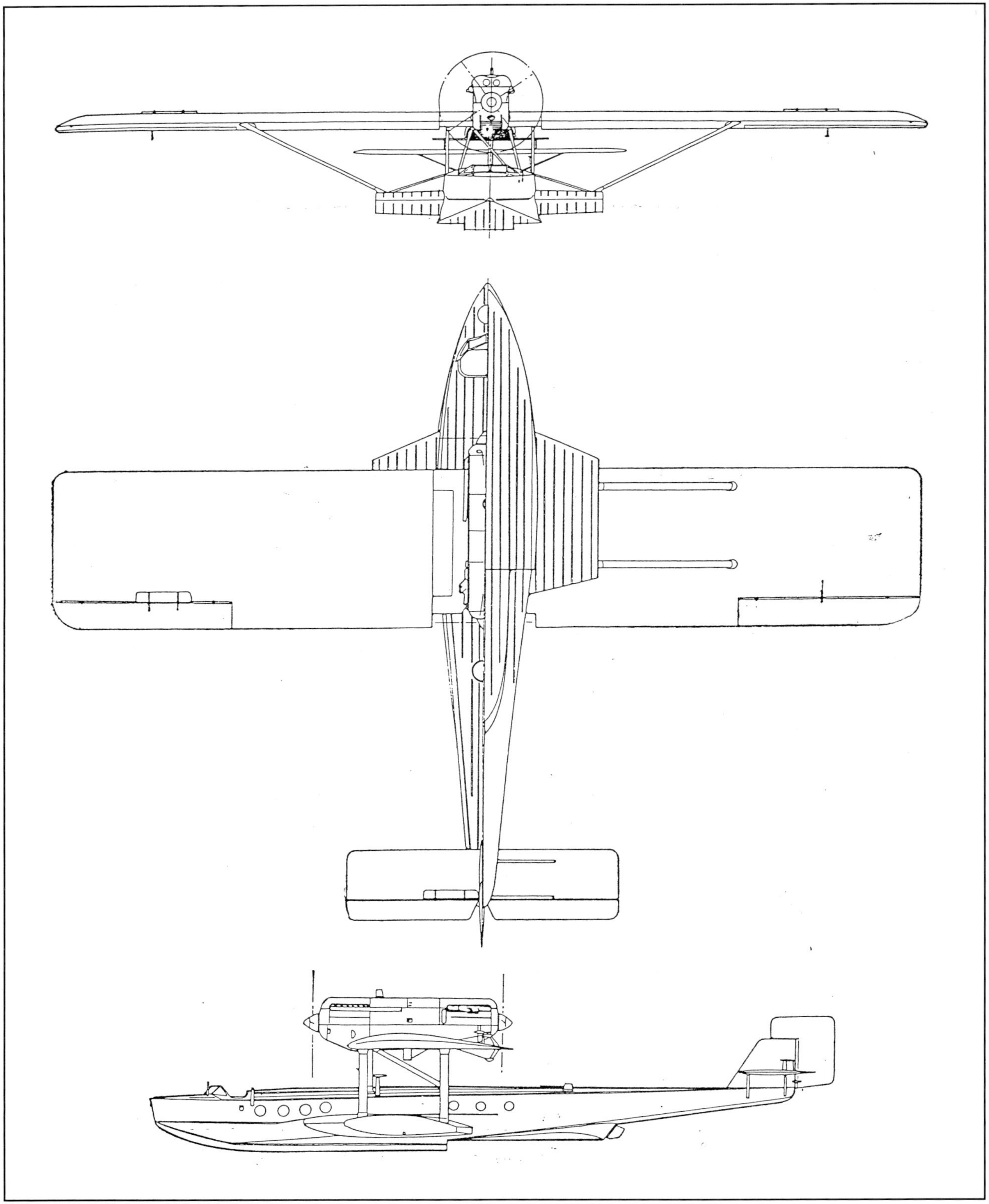

Drei-Seiten-Zeichnung des bei Kawasaki gebauten Dornier-Wals.

Zu den spektakulärsten Flügen, die mit Dornier-Walen ausgeführt wurden, gehört Roald Amundsens Flug zum Nordpol. Amundsen hat selbst die Frage, warum er für seine Expedition den Dornier-Wal wählte, klar beantwortet: *»Es blieb nur ein Typ übrig, der allen Anforderungen genügte, und das war der Dornier-Wal. Ich habe keinen einzigen Fehler entdecken können, sondern im Gegenteil nur Vorzüge.«* Für diesen Flug wurden die bei der CMASA gebauten Wale Werknr. 36 und 37 mit den norwegischen Kennzeichen N-24 und N-25 bereitgestellt.

Hier einige Auszüge aus dem Expeditionsbericht von Karl Feucht: *»Beide Flugzeuge waren normale Serienflugzeuge, ausgerüstet mit je zwei Rolls-Royce-Motoren von 360 PS Spitzenleistung. Trotz dieser geringen PS-Zahl betrug die Zuladung je Flugboot etwas über 3000 kg. Sie bestand aus: 3000 Liter Benzin; 140 Liter Öl; 350 kg Polarausrüstung (Zelt, Schlitten, Faltboot, 3 Paar Skier, 3 Paar kanadische Schneeschuhe, Hausapotheke, Waffen und Munition, Echolot, Photoapparat usw.), 90 kg Lebensmittel (Pemmikan, Schokolade, Keks, Malztabletten) sowie den drei Mann Besatzung mit persönlicher Ausrüstung im Gewicht von je 20 kg.*

Beide Flugzeuge führten das norwegische Hoheitskennzeichen und hatten die Bezeichnung N-24 und N-25.

Die Besatzung setzte sich aus den folgenden Personen zusammen: Bei N-24 stellte Leif Dietrichson den Flugzeugführer, Lincoln Ellsworth den Beobachter und Oskar Omdal den Bordwart; bei N-

Amundsens Wal N-25, CAMSA-Werknr. 37, mit dem der spektakuläre Rückflug aus dem Polargebiet gelang.

25 war Hjalmar Riiser-Larsen Flugzeugführer, Roald Amundsen Beobachter und Karl Feucht Bordwart.
Nach verschiedenen Abnahmeflügen in Marina di Pisa wurden die Flugzeuge, in Kisten verpackt, nach dem Abflugsort Kingsbay auf Spitzbergen verfrachtet.
Unter Leitung von Direktor Schulte-Frohlinde wurden dort beide Flugzeuge aufmontiert. Trotz 20-25° Kälte und der Arbeit im Freien war die Aufrüstung zu dem angegebenen Termin Anfang Mai 1925 beendet. Von einem Probeflug wurde Abstand genommen, um die Expedition nicht durch die Möglichkeit einer Beschädigung der Flugzeuge zu gefährden. Der Start zum Nordpol wurde wegen des noch herrschenden Schlechtwetters und der Kälteperiode bis zum Eintreffen besseren und wärmeren Wetters verschoben.
Am Morgen des 21. Mai wurde von den Meteorologen gutes Wetter prophezeit, worauf der Start auf nachmittags 4 Uhr festgesetzt wurde. Jetzt herrschte Großbetrieb. Alles Notwendige wurde zu den Flugzeugen verbracht und dort verstaut, bis jeder freie Raum und Winkel im Boot vollgestopft war. Es erschien recht zweifelhaft, ob die Flugzeuge mit dieser Last überhaupt vom Boden, beziehungsweise Eis, wegkommen würden. Als erste Maschine rollte N-25 Punkt 4 Uhr zum Start auf das Eis der zugefrorenen Kingsbay, mit leichtem Gegenwind ging der Start trotz der gegenteiligen Vorhersagen glatt vonstatten. N-24 folgte mit gleicher Last; bald waren beide Flugzeuge auf Kurs Richtung Amsterdaminsel, welche als Zwischenlandeplatz für Notfälle vorgesehen war. Bis dorthin galt der Flug zugleich als Probeflug. Da keine Zwischenlandung nötig war, ging es bei strahlendem Sonnenschein über die Buchten und Gebirgszüge von Spitzbergen weiter dem Nordpol entgegen. Kurz vor der Eisgrenze zeigte sich eine dicke Wolkenwand, die unmittelbar bis zum Eis reichte und deshalb in 1500-1600 m Höhe überflogen wurde. Während dieser Zeit war keine Windversetzung vom Kurs festzustellen, da jede Bodensicht fehlte.
Nach etwa 2-2½ Flugstunden hatten wir die Wolkendecke überflogen und konnten unten das Eis sehen. In dieser Höhe glich es einer endlos eben scheinenden weißen Fläche, aber als wir tiefer, in 200–300 m Höhe flogen, konnte man bereits erkennen, daß nirgends eine größere ebene Fläche, zu einer eventuellen Landung geeignet, vorhanden war. Je weiter wir nach Norden kamen, desto mehr glich das unter uns liegende Eis einer Miniatur-Gebirgslandschaft, selten von einer offenen Wasserstelle unterbrochen. Landemöglichkeit war nirgends vorhanden.
Nach ungefähr neun Flugstunden hatten wir 1400 Liter Benzin verbraucht, worauf der Führer und Beobachter aufmerksam gemacht wurden; darauf wurde beschlossen, bei der nächsten sich bietenden Landemöglichkeit zu landen. Nach kurzer Zeit sahen wir eine größere Eisöffnung, groß genug zu landen, beim Gleitflug blieb aber der hintere Motor stehen, und der vordere wollte nicht gleich Gas annehmen (weil es ihm beim Gleitflug zu kalt geworden war), so daß der Flugzeugführer die Landung in einem neben der Öffnung verlaufenden Kanal vornehmen mußte. Dieser Kanal war jedoch von bis zu 3 m hohen Eisblöcken und Wällen umgeben, mit Eisschollen angefüllt und verlief in Schlangenlinien.
Diese Landung erforderte größte Geschicklichkeit und Geistesgegenwart vom Flugzeugführer und nicht zuletzt die wie zu diesem Zweck geschaffene Bauweise unseres Dornier-Wal. Kein anderer Flugzeugtyp wäre bei dieser Landung so heil geblieben, von den später erfolgten Startversuchen und Rollen über notdürftig hergerichtete Zufahrtswege zu neuen Startbahnen ganz zu schweigen. Es würde zu weit führen, wenn an dieser Stelle die Erlebnisse des vier Wochen lang währenden Kampfes,

in diesem Labyrinth von Eisbergen und Eiswällen für unser Flugboot eine Startmöglichkeit zu schaffen, ausführlich berichtet würde. Deshalb sei nur kurz erwähnt, daß wir vier verschiedene Startbahnen bauten, welche zum Teil durch Eispressungen zerstört oder bei näherer Überlegung zum Start ungeeignet befunden wurden; selbstverständlich mußten vom alten zum neuen Startplatz stets notdürftig Zufahrtswege gebaut werden, dies alles mit Hilfe von an Skistöcken gebundenen Jagdmessern, einem Eisanker, einem Pfadfinderbeil und einer Holzschaufel. Mit diesen Werkzeugen wurden viele hundert Kubikmeter Eis und Schnee abgetragen; dabei mußten wir stets bedacht sein, daß unser Flugzeug auf möglichst sicherem Platz stand, um vor den oft einsetzenden Eisbewegungen geschützt zu sein.

N-24 flog während des $9^{1}/_{2}$stündigen Fluges bis zu unserer Landung stets an unserer B. B.-Seite mit. Während unserer Landung, die morgens um 1.30 Uhr bei strahlendem Sonnenschein erfolgte, verloren wir unsere Begleiter aus dem Gesichtsfeld, sie blieben trotz eifrigem Suchen die vier nachfolgenden Tage für uns verschollen. Sofort nach der Landung wurde das Flugzeug gründlich kontrolliert und kein Schaden außer einem schnell zu behebendem Motordefekt gefunden. Während der Flugzeugkontrolle stellten Amundsen und Riiser-Larsen mit Hilfe des Sextanten unsere Position mit 87^{44} ° nördl. Breite und 10^{20} ° westl. Länge, sowie mittels Echolot eine Meerestiefe von 3750 m fest.

N-24 war 5-6 km von uns entfernt gelandet, in dem größeren eisfreien See von ca. 200x400 m, welchen auch wir zur Landung benützen wollten, aber wegen der bereits angeführten Gründe nicht mehr erreichten.

Durch gegenseitige Flaggensignale verständigten sich beide Besatzungen; dabei wurde festgestellt, daß N-24 einen größeren Motorschaden und im Boot ein größeres Loch hatte, welches wahrscheinlich schon beim Start in Spitzbergen entstanden war. Da beide Schäden an Ort und Stelle nicht repariert werden konnten, mußte das Flugzeug aufgegeben und die Besatzung auf N-25 übernommen werden.

Am 16. Juni erfolgte der vierte Startversuch auf einer Bahn, in welcher alle Erfahrungen der letzten 24 Tage vereinigt waren. Dieser Start gelang, es war höchste Zeit; nicht mehr lange, und auch die mit größter Mühe und Sorgfalt hergestellte Bahn wäre auseinander gegangen, an zwei Stellen zeigten sich bereits Risse; ein Spalt war schon 40-60 cm breit, so daß man $1^{1}/_{2}$-2 m tiefer das dunkle Wasser sehen konnte.

Vor allem, wir waren am Ende unserer Kräfte! Täglich bis zu 24 Stunden härteste Arbeit, bei 250 g Nahrungsaufnahme, welche in einer Tasse Pemmikan, zwei Tassen Schokolade und vier Keksen, außerdem tagsüber 10 Haliks-Malztabletten bestand; wir waren diesem Kampf gegen die Naturgewalten nicht mehr gewachsen.

Alles, was nicht dringend für den Rückflug nach Spitzbergen benötigt wurde, mußte an Ort und Stelle gelassen werden, sogar die leeren Benzinbehälter samt Lagerungen wurden des Gewichts wegen ausgebaut; an Lebensmitteln wurde nur ein Teil von dem ohnedies schon spärlichen Bestand mitgenommen, kurz, es war ein Versuch auf Gedeih oder Verderb. Mit größter Sorgfalt wurden die Motoren nachgesehen, Beulen, welche das Boot durch Eispressungen erlitten, abgedichtet, damit bei einer späteren Wasserlandung das Boot einigermaßen dicht war; dann waren wir startklar.

Während die Motoren ungefähr 45 Minuten lang langsam warm liefen, wurde die Startbahn nochmals nachgesehen und dabei festgestellt, daß die beiden Risse in der Bahn immer breiter wurden; es war höchste Zeit, zudem günstiger Wind genau in der Richtung der Startbahn; deshalb wurde trotz heftigem Schneegestöber bei kaum 50 m Sicht ge-

Das ebenfalls 1925 ausgelieferte Boot Werknr. 42 I-DIAR flog dann beim Deutschen Aero Lloyd als D 862.

Im Unterschied zu den deutschen Walen, die mit Rolls-Royce-Motoren arbeiteten, erhielten die für den italienischen Luftverkehr bestimmten Wale Gnôme-Rhône-»Jupiter«-Motoren. I-DEAR, Werknr. CMASA 49.

startet. Der Ausgang dieses Fluges war höchst ungewiß. Erreichen wir unser Ziel, überhaupt festes Land? Diese und andere Fragen traten in den Hintergrund, als wir feststellten: wir fliegen wieder. In 20 bis 50 m Höhe flogen wir drei bis vier Stunden lang im Nebel und Schneetreiben, nach dem Kurs unseres Magnet-Kompasses, bis ein kurzer Sonnenstrahl ins Okular des Sonnen-Kompasses traf; es war ein kleiner Trost in der Ungewißheit, ob wir richtigen Kurs auf Spitzbergen hatten, doch lange keine Sicherheit.

Zur Beruhigung liefen unsere Rolls-Royce-Motoren wie ein Uhrwerk, an Bord war alles in Ordnung, nur der Betriebsstoff ging langsam zu Ende. Als dies dem Flugzeugführer Riiser-Larsen gemeldet wurde, machte er darauf aufmerksam, daß das Querruder sehr schwer ging; die Untersuchung ergab, daß sich das Handrad auf der Welle festgefressen hatte; nur der Bärenkraft des Piloten war es möglich, es zu drehen. Während des Fluges wurde der Fehler notdürftig behoben, eine sehr gewagte Operation; mit äußerster Vorsicht wurde die Welle abgefeilt und abgeschmirgelt, immer vor Augen haltend, daß das Handrad nicht ganz von der Welle abrutschen durfte, da sonst die ganze Quersteuerung unmöglich geworden wäre; aber auch diese Operation glückte, und wie zur Belohnung sahen wir vor uns Land.

Heute, nach Jahren, ist dieses Glücksgefühl noch nicht vergessen, das uns alle beseelte, als wir nach Wochen fast übermenschlicher Anstrengungen wieder Land, welches für uns Rettung bedeutete, sahen. Die Küste war jetzt eisfrei. Deshalb und nicht zuletzt wegen des immer noch nicht ganz in Ordnung befindlichen Querruders wurde die Landung beschlossen, obwohl wir noch gute zehn bis 15 km vom Lande entfernt waren.

Auf dem Wasser angekommen, mußte der Wal seine vielgerühmte Seetüchtigkeit wieder beweisen; wir hatten bereits Seegang 5 bis 6 und Windstärken von 50 bis 60 km, welche am Schalenkreuz-Anemometer abgelesen wurden. So rollten wir in eine geschützte Bucht einer vorgeschobenen Insel des Nordostlandes von Spitzbergen, ankerten dort und gingen an Land. Es war gegen 20 Uhr, die Sonne schien auf nackte Steine, sie hatte bereits Eis und Schnee aufgetaut, es war arktischer Frühling; wir fühlten uns wie in einer Kirche.

Während Omdal beim Kochen des Pemmikans war, rief Riiser-Larsen, daß vor uns ein Segelboot, ein sogenannter Seehundfänger, sei; dies war ein Ereignis von unschätzbarer Bedeutung, da in diese Gegend nur selten ein Fahrzeug kommt, wir aber nur noch 90 Liter Benzin an Bord hatten; zu wenig, um von hier wegzukommen; andererseits hatten wir nur Lebensmittel für einige Tage, deshalb mußten wir sehen, daß wir von dem Seehundfänger mitgenommen wurden, der unser Rufen und Winken nicht hörte und nicht sah. Deshalb ließen wir mit dem restlichen Benzin die Motoren wieder an und rollten auf der nun ruhiger gewordenen See dem Segler nach. Der Lärm der Motoren machte die Besatzung des Seehundfängers aufmerksam, sie kamen uns entgegen und nahmen uns an Bord und das Flugzeug in Schlepp. An Bord des Seehundfängers gab es für unsere ausgehungerten Magen Seehundbeef und Eierkuchen von Eiderenten-Eiern, die es dort in Menge gab.

Doch das kleine Schiffchen konnte uns nicht lange im Schlepp halten, wir verankerten daher den Wal in der Branntweinbucht und fuhren mit dem Seehundfangschiff nach Kingsbay, wo wir nach zwei Tagen ankamen; dort holten wir Benzin und brachten es mit einem Küstenwachtschiff zu unserem Flugzeug, worauf wir mit zwölf Personen an Bord nach Kingsbay zurückflogen«.

Damit war die Expedition zu Ende, deren glücklicher Ausgang nicht zuletzt durch die unter allen Teilnehmern herrschende vorbildliche Kameradschaft ermöglicht wurde, welche dem einzigen an der Expedition beteiligten Deutschen, dem Bordwart Obermeister Feucht, in stets dankbarer Erinnerung blieb. Der Wal N-25 wurde von Spitzbergen nach Horgen auf einem Kohlendampfer verfrachtet. Von dort flog die ganze Besatzung nach Oslo.

Erlöst atmeten die Polflieger auf, ihre Arbeit – oft unter Einsatz des Lebens – war nicht vergebens gewesen. *»Am 5. Juli«*, schrieb damals die Illustrierte Flug-Woche, *»landete der Dornier-Wal im Hafen von Oslo. Mit großer Ehrfurcht und Andacht sahen Tausende den Wundervogel heranbrausen, als ob er direkt aus den Eiswüsten des Nordens käme. Es war allen wie ein Traum, daß das Wagnis gelang. Die Sirenen aller Schiffe im Hafen ertönen, endloser Jubel und Hurrageschrei erfüllen die Luft. Draußen im Fjord liegt der Dornier-Wal von zahllosen Booten umdrängt. Ihm zollte Amundsen Worte höchster bewundernder Anerkennung: »Kein anderes Flugzeug außer den Dornier-Flugbooten hätte die Beanspruchung überdauert. Ihre besondere Konstruktion, unähnlich jeder anderen, machte diese Maschine für unsere Zwecke ganz hervorragend brauchbar«. Manche Beulen zeugen von hartem Kampfe mit dem tückischen Polareis. Es hat die Probe bestanden. Zwar ist der Nordpol nicht erreicht, aber eine neue Aera in der Nordpolforschung eröffnet«.*

Die öffentliche Meinung gipfelte in dieser Beurteilung: *»Bei diesem Fluge hat zum erstenmal das Flugzeug, nur auf sich selbst angewiesen, den Vorstoß in ein Gebiet unternommen, in dem jede Hilfe durch irgendein anderes Verkehrsmittel ausgeschlossen ist. Als fliegerische Leistung ist er deshalb höher zu bewerten als alle bisherigen Ozean- und Weltrundflüge, da bei allen diesen Flugunternehmungen die Möglichkeit gegeben war, durch Erdverkehrsmittel bzw. Seeschiffe im Falle einer Panne unterstützt zu werden, während die Amundsensche Expedition lediglich auf das Flugzeug für ihre Rückkehr angewiesen war. Das Flugzeug hat sich also hier zum erstenmal von der Unterstützung aller sonstigen Verkehrsmittel freigemacht und selbständig eine Aufgabe bezwungen, bei der alle anderen Methoden versagen.«*

Der Wal Nr. 37, N-25, hatte aber seine Laufbahn noch lange nicht beendet. Vorläufig wurde er von Norwegen einige Zeit unter anderem für Probe-Verkehrsflüge zwischen Oslo und englischen Flughäfen verwendet, bis 1927 ein neues Blatt in seiner ereignisreichen Geschichte aufgeschlagen wurde.

1925 erzielten die Piloten Guidi (Italien) und Wagner (Deutschland) mit Walen aus der CMASA-Fertigung 20 Weltrekorde für Seeflugzeuge. Die Rekordflüge fanden am 4., 9., 10. und 11. Februar 1925 statt. Bei einem Flug erreichte ein Wal in drei Stunden, 33 Minuten und 35 Sekunden eine Entfernung von 507 km und eine Gipfelhöhe von 3682 m. Die Geschwindigkeit betrug über 168 km/h.

Im August-September 1925 übernahm die Luftverkehrs-Gesellschaft »SCADTA« in Columbien die beiden Wale »Atlantico« und »Pacifico« und begann mit dem Luftverkehr zwischen Kuba und Zentral-Amerika.

So ging das für den Dornier-Wal erfolgreiche Jahr 1925 zu Ende.

1925 wurden Buddenbrocks »Wale« in Barranquilla auf die Namen »Atlantico« und »Pacifico« getauft.

PACIFICO
PACIFICO

Am 22. Januar 1926 startete Ramon Franco mit dem bei CAMSA gebauten Wal Werknr. 40 M-MWAL von Spanien nach Buenos Aires. Er erreichte sein Ziel am 10. Februar nach einer reinen Flugzeit von 59 Stunden und 39 Minuten.

Der erste »Wal« für den deutschen Luftverkehr wurde bei der CMASA als I-DAAR zugelassen und erhielt erst nach dem Überflug nach Deutschland das deutsche Kennzeichen D 861 (Werknr. CAMSA 41).

Weitere Erfolge des Wals und die Folgen

In Spanien hatte man mit dem Militär-Wal die besten Erfahrungen gemacht. Einem jungen Offizier kam der Gedanke, mit diesem Flugboot einen Flug über den Atlantik zu wagen. Ramon Franco, ein Bruder des späteren Staatschefs Francisco Franco, unterbreitete seine Idee dem Kommandanten der »Militäraviatik« General Soriano. Nach langen Verhandlungen stimmten der damalige Diktator Primo de Rivera und König Alfonso XII. zu. Zur Sicherung des Unternehmens wurden der Zerstörer »Alsedo«, der Kreuzer »Blas de Lezo« und das Kanonenboot »Infanta Isabel« in den Südatlantik beordert, wo sie Wartepositionen einnahmen. Am 22. Januar 1926 startete Franco mit dem bei CMASA gebauten Wal Werknr. 40, Kennzeichen M-MWAL »Plus Ultra« vom Rio Tinto bei Palos Moguer, wo einst auch Columbus mit seinen drei Karavellen auf der Suche nach Indien ausgelaufen war. An Bord des Wals befanden sich außer Ramon Franco der Artilleriehauptmann Ruiz de Alda, der Mechaniker Rada und — als Vertreter der Behörden – Senor Durán. Nach achtstündigem Flug wasserte Franco bei La Luz auf den Kanarischen Inseln. Das stürmische Wetter zwang ihn, das Boot zur Gando-Bucht schleppen zu lassen. Von dort startete er am 26. Januar nach Porto Praya (Kap Verde), das er in neun Stunden und 45 Minuten erreichte. Von hier aus wollte Franco eigentlich zum Nordostzipfel Südamerikas durchfliegen. Die Startvorbereitungen zogen sich aber so lange hin, daß Franco diesen Plan aufgeben mußte. Da »Plus Ultra« wegen zusätzlichen Treibstoffs ein überhöhtes Fluggewicht von 7000 kg hatte, stieg Durán auf den Zerstörer »Alsedo« um. »Plus Ultra« wurde inzwischen nach Kap Barrera auf Sao Vicente geschleppt. Der erste Start mißglückte, aber dann klappte es doch. Der Nordostpassat unterstützte den Flug und nach zwölf Stunden konnte Franco zur Wasserung bei Fernando Noronha ansetzen. Die mächtige Brandung zwang die Besatzung, an Bord des Flugbootes zu übernachten. Inzwischen war Durán mit dem Zerstörer ebenfalls eingetroffen und stieg nun wieder auf das Boot um. Auf der letzten Meeresetappe trat dann noch ein leichter Luftschraubendefekt auf, der aber nach der Wasserung vor Pernambuco schnell behoben werden konnte. Der Flug entlang der südamerikanischen Küste mit verschiedenen Wasserungen bei Rio de Janeiro am 4. Februar und bei Montevideo am 9. Februar endete dann am 10. Februar in Buenos Aires. Er gestaltete sich zu einem wahren Triumphzug für Flugboot und Besatzung. Franco war mit diesem Flug mit einer reinen Flugzeit von 59 Stunden und 39 Minuten über eine Strecke von 10270 km zum Schrittmacher des Europa-Südamerika-Verkehrs geworden, der dann später von der französischen Gesellschaft »AEROPOSTALE« und ab 1928 von der Deutschen Lufthansa aufgenommen wurde. Ramon Franco erhielt nach diesem bahnbrechenden Flug die Harmon-Trophy.

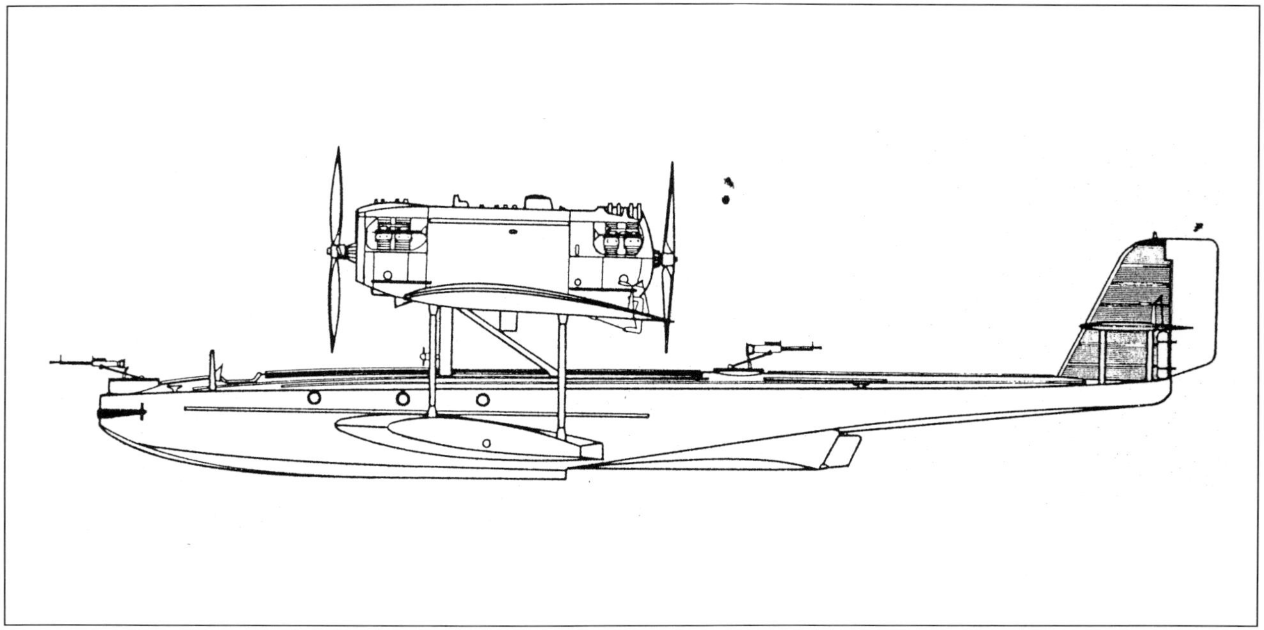

Russischer Militär-»Wal«, 2. Ausführung.

Zu den ersten Bestellern von Militär-»Walen« gehörte auch die Sowjetunion. Die Flugboote bewährten sich insbesondere in der Arktis.

Die Flüge Amundsens und Francos nebst den erflogenen Weltrekorden wirkten sich natürlich auf den Absatz der Wal-Flugboote, die vorläufig immer noch in Marina di Pisa gebaut werden mußten, aus. Der Vorgänger der Lufthansa, der Deutsche Aero Lloyd, kaufte vier Wale, die erst mit italienischen Kennzeichen zugelassen werden mußten (I-DAAR, I-DIAR, I-DAIR und I-DIIR) und dann als D861, D862, D863 und D864 auf Strecken im Ostseeraum flogen. Sie wurden von der Deutschen Lufthansa übernommen, die am 6. Januar 1926 gegründet wurde. D864 ging am 7. Juli 1930 bei Bornholm verloren.

Ein großer Auftrag kam aus der UdSSR: Rußland bestellte 20 Wale, die mit Lorraine-Dietrich-Motoren von 450 PS ausgerüstet wurden.

Die italienische Luftverkehrsgesellschaft »Societa Anonima Naviagazione Aerea« (SANA) in Genua orderte die ersten fünf Verkehrs-Wale. Es waren die Werknr. 47 bis 51, die als I-DAUR, I-ABBN, I-DEAR und I-DOAR zugelassen wurden. Die Werknr. 51 wurde nicht zugelassen, da sie Oberstleutnant Francesco de Pinedo zu Versuchsflügen mit der Aussicht auf Atlantik-Überqerungen zur Verfügung gestellt wurde. Am 20. Juli 1926 ging das Flugboot bei einem dieser Versuchsflüge verloren, wobei Kapitänleutnant Luigi Conti den Tod fand.

Im November 1926 flog der Wal »Atlantico« den deutschen Reichskanzler Dr. Luther von Buenos Aires nach Montevideo und Rio de Janeiro; eine Gesamtstrecke von 2500 km.

Von Dezember 1926 bis Frühjahr 1927 wurden neun Wale für die Lufthansa von Marina di Pisa auf dem Luftweg nach Danzig, Stettin und Travemünde überführt. Einen weiteren Langstreckenflug (nach den Maßstäben der 20er Jahre) unternahm zur selben Zeit das »Atlantida-Geschwader« unter Führung von Major Llorente, das aus drei Walen

Die Sowjetunion übernahm später auch den Lizenzbau des »Wals« und rüstete ihn mit M-17-Motoren aus, den Nachbauten des BMW VI.

Der zweimotorige »Superwal« wurde offiziell bei der DVS als D-1115 zugelassen.

bestand. Die drei Boote flogen von Melilla nach Santa Isabel in Spanisch-Guinea und zurück; insgesamt eine imposante Strecke von 14 700 km.
In Deutschland arbeitete man insgeheim am Wiederaufbau der durch den Friedensvertrag von Versailles verbotenen Luftstreitmacht. So verstärkte die Reichsmarine bereits 1923 das Büro des mit der Bearbeitung von Luftfragen beauftragten Referats A II-I unter Leitung von Kapitänleutnant Ritter. 1924 erhielten die in der Marine verbliebenen Flugzeugführer Gelegenheit, über Kurse bei der Firma Aerosport GmbH in Warnemünde ihre im Krieg 1914-18 erworbenen Fähigkeiten aufzufrischen und zu verbessern. 1925 fand schon eine enge Zusammenarbeit zwischen der Luftfahrtindustrie (die wie Dornier Tochtergesellschaften im Ausland unterhielt) sowie allen Dienststellen und Behörden statt, die irgendwie mit der Fliegerei zu tun hatten. Im Sommer 1926 veranstaltete die Fliegergruppe in der Marineleitung, nun als »Gruppe BSx« bezeichnet, einen Seeflugzeugwettbewerb. Als Chef des BSx fungierte Kapitän zur See Lahs; das Ausbildungsreferat übernahm Oberleutnant zur See a. D. Wolfgang von Gronau. Zu den ersten Maßnahmen von Kapitän Lahs gehörte die Gründung der Fluggesellschaft »Severa«, deren Haupttätigkeit sich zunächst auf Zieldarstellungen und Scheibenschleppen für die Schießübungen der Flakartillerie beschränkte. Leiter der »Severa« wurde Kapitänleutnant a. D. Cranz, ein alter Seeflieger, der schon in Zeebrügge geflogen war. Die »Severa« wurde auch zur Ausbildung von Flugzeugführern herangezogen; bis schließlich im Rahmen der weiteren geheimen Aufrüstung die Organisation der Deutschen Verkehrsfliegerschule (DVS) entstand. Dazu gehörte auch eine eigene Marinefliegerschule. Die Zentrale der DVS setzte Wolfgang von Gronau als Vorstandsmitglied ein. 1926 kaufte die Reichsmarine, vertreten durch Kapitän zur See Lohmann, die Caspar-Werke in Travemünde auf.
Die Reichsmarine hatte bereits ziemlich klare Vorstellungen über die künftigen Aufgaben der Caspar-Werke. Im Augenblick fehlten ihr aber noch die notwendigen finanziellen Mittel. Die Dornier-Wale spielten in der Planung der Reichsmarine bereits eine wesentliche Rolle. Man ermunterte Dornier, sich mit der Entwicklung von Walen mit größerer Reichweite und Leistungsfähigkeit zu be-

schäftigen. Bereits 1925 begann die Entwicklung des »Superwals«. Die Arbeiten gingen im Werk Manzell vonstatten und bezogen sich insbesondere auf die Vergrößerung der Abmessungen und einige Detailänderungen. Der erste »Superwal« erhielt die CMASA-Werknr. 118 und trug die Typenbezeichnung Do RII, da dieses Flugboot für zwei Rolls-Royce-»Condor«-Motoren von je 650 PS ausgelegt war. Eine viermotorige Ausführung war bereits vorgesehen. Dieser zweimotorige »Superwal« entstand – wie der normale »Wal« – als Hochdecker in Ganzmetallbauweise aus Duraluminium. Sehr stark beanspruchte Teile wurden aus Stahl gefertigt. Das Tragwerk bestand aus einem Mittelstück mit Triebwerkgondel und zwei Außenteilen, die sich aus Flügelnase, Flügelmittelstück und Flügelende zusammensetzten. Die Tragwerk-Hälften, mit dem Mittelstück durch Schraubbolzen lösbar verbunden, waren jeweils mit einem Strebenpaar gegen die Flossenstummel abgestützt. Das schwach gekielte Boot mit Querstufe, Spornkasten und Wasserruder maß 24,6 m in der Länge und 3,4 m in der Breite. Für die nötige Stabilität sorgten die altbewährten Flossenstummel. Der Aufbau des Bootes bestand aus Querspanten, Längsträgern, Außenhaut und Versteifungsprofilen, die an der Ober- und Unterseite des Rumpfes angebracht waren. Der Raum des mehrfach abgeschotteten Bootes teilte sich wie folgt auf: Bugraum für seemännische Ausrüstung; vordere Kabine und erhöht angeordnetes Cockpit mit zwei Sitzen und Doppelsteuerung an Backbord; Toilette, Funk- und Navigationsraum an Steuerbord. Der Tankraum fasste 3540 Liter. Ein Aufstiegschacht vom Tankraum zur Motorgondel sicherte den Zugang zu den Triebwerken auch während des Fluges. Die Kühler waren für einen Motor auf der Triebwerksgondel, für den zweiten im vorderen Teil des Aufstiegschachtes angeordnet. Der Erstflug fand am 30. September 1926 statt. Dann wurde das Flugboot als D-1115 zugelassen und an die »Severa« ausgeliefert.

Die Reichsmarine legte bei ihrer geheimen Rüstung besonderen Wert auf ein Langstrecken-Flugboot. Diesen Zweck erfüllte der zweimotorige »Superwal«, Werknr. 118, der bereits in Manzell gebaut und an die »Severa«, beziehungsweise an die Deutsche Verkehrsflieger-Schule geliefert wurde.

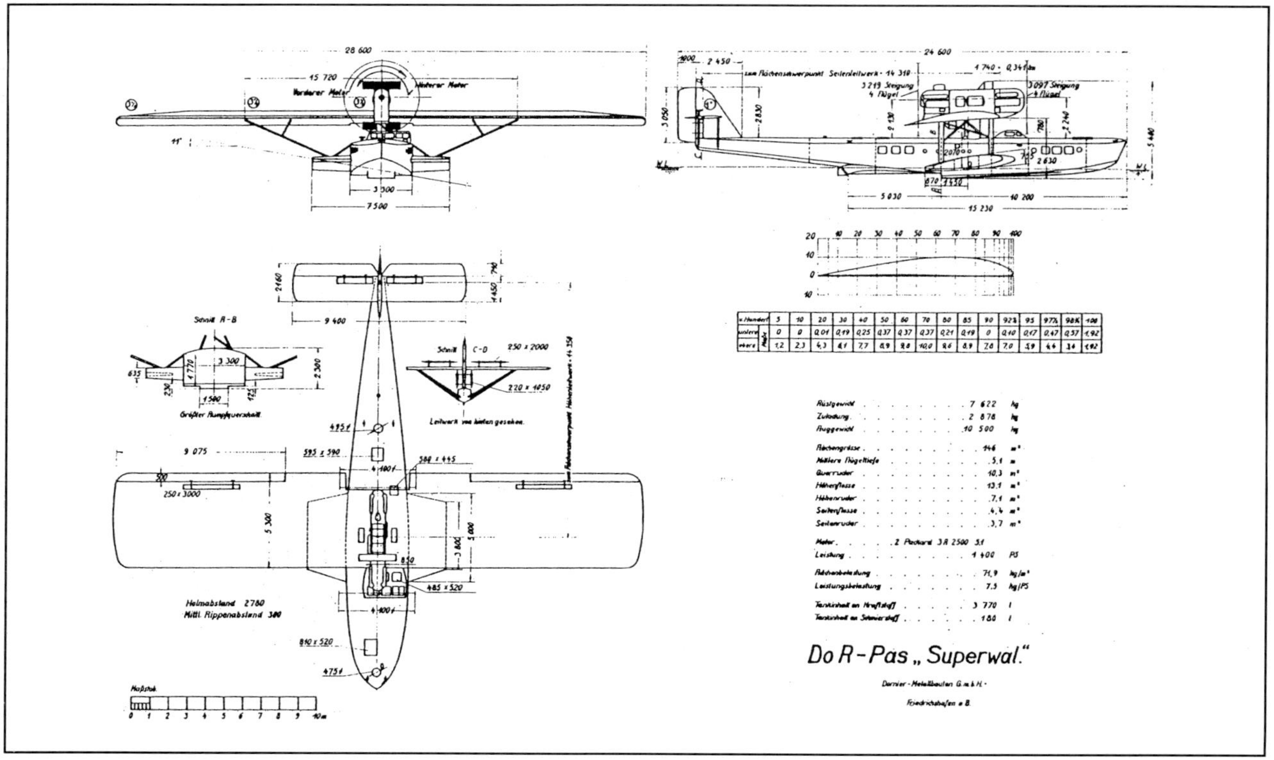

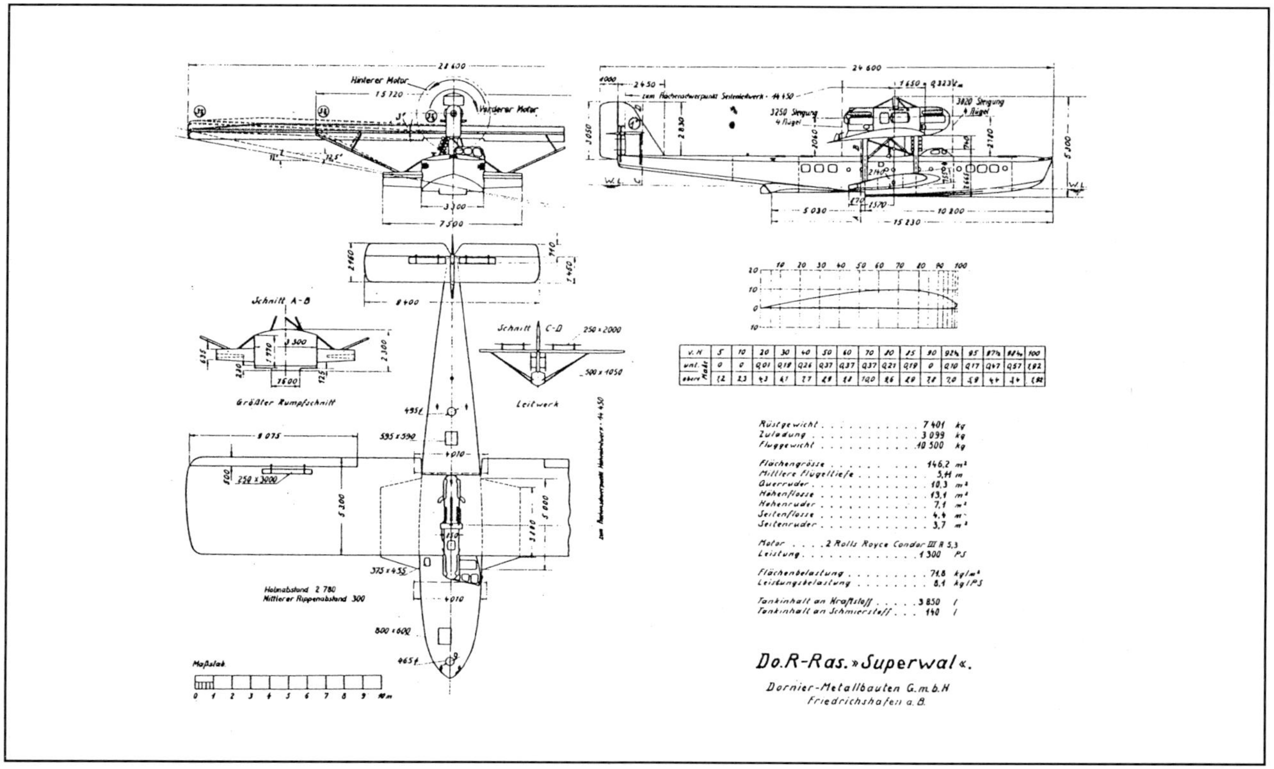

Verkehrs-Wal der 2. Version 1930/31 mit hinten liegendem Führersitz.

In Kisten nach Niederländisch-Indien

Immer noch kein deutscher Wal

Zu den an den Militär-Walen interessierten Kunden gehörten auch die Niederlande. Sie bestellten bei CMASA fünf Wale und erhielten die Werknr. 60 bis 64, die unter den Kennzeichen D-1 bis D-5 in Dienst gestellt wurden. Die Holländer strebten aber bei ihrer Luftrüstung nach größtmöglicher Unabhängigkeit vom Ausland und setzten daher auf Eigenbau. Am 17. Januar 1927 wurde die Firma Aviolanda, Maatschappij voor Vliegtuigbouw N.V. in Papendrecht nahe Dordrecht gegründet. Außerdem erwarben die Niederländer die Lizenz für den Nachbau des Militär-Wal. Um genügend Erfahrung zu sammeln, wurden die Einzelteile der Werknr. 74 bis 76 bei CMASA gekauft und als Aviolanda Nr. 1 bis 3 zusammengebaut. Aviolanda hat dann im Laufe der Jahre noch 38 Wale gebaut, von denen die letzten erst während des Zweiten Weltkriegs in Niederländisch-Indien verloren gingen. Die Aviolanda-Wale wurden – in Kisten verpackt – nach Niederländisch-Indien verschifft. Nur drei Maschinen flogen in die Kolonie, wobei das Flugboot D-21 bei Surabaya Totalschaden erlitt.

In den Jahren 1927/28 versuchten mehrere Piloten, den Atlantik zu überfliegen. Der Ire Frank Courtney rechnete sich mit einem Flugboot die besten Chancen aus. Er kaufte den alten Wal N-25, der sich bei Amundsens Expedition so gut bewährt hatte, und ließ ihn bei der Generalüberholung mit neuen Motoren Napier »Lion« ausrüsten. Da aber der Umbau einige Zeit in Anspruch nahm und Courtney auf eine sorgfältige Erprobung Wert legte, verlor er viel Zeit. Der Ire konnte erst 1928 starten. Inzwischen hatte sich die spanische Regierung entschlossen, den Nachbau des Dornier-Wal in Lizenz zu übernehmen. Der Nachbau sollte bei der Firma »Construcciones Aeronauticas S. A.« (CASA) in Cadiz und Madrid erfolgen. 1928 sollte die Produktion beginnen.

Angeregt durch die Wal-Käufe Chiles und Argentiniens, bestellte auch Uruguay zwei Wale, von denen Werknr. 76 für einen Flug um die Erde vorgesehen war. Die Werknr. 67 wurde jedoch zuerst fertig. Dieser Wal arbeitete mit einem französischen Farman 12WE Triebwerk mit einer Soll-Leistung von 500 PS. Bei der Übernahme des Bootes am 20. Februar 1927 wurden folgende technische Werte notiert:

Leergewicht	4100 kg
Nutzlast	2200 kg
Gesamtgewicht	6300 kg
Größte Geschwindigkeit in 0 m Höhe	192 km/h
Steigflug auf 1000 m	8 min
Steigflug auf 2000 m	20 min
spezifischer Kraftstoffverbrauch	1,08 kg/km
Kraftstoff	1000 kg
normale Flugstrecke	925 km

Dieses Flugzeug erhielt – wie alle anderen Langstreckenmodelle – gewisse Änderungen, um den Kraftstoffvorrat zu erhöhen, auch wenn dadurch die Nutzlast beträchtlich über die vorgesehene Höhe stieg.
Die Besatzung des Wales 67 Uruguay setzte sich aus dem Kommandanten Tydio Larre Borges, dem zweiten Piloten Llara Borges sowie dem Navigationsoffizier Ybarra zusammen.
Dieser Wal erhielt ein erhöhtes Leitwerk; die Rippe 00 entfiel. Nach Abflug von Marina di Pisa am 20. Februar sollte das Flugzeug Uruguay erreichen und von dort aus einen Flug um die Erde beginnen. Das Flugboot berührte nacheinander Los Alcazares, Malaga, Casablanca, erlitt dann aber eine Panne, anscheinend wegen einer Störung in der Schmierung. Die Besatzung sah sich genötigt, an der afrikanischen Küste zwischen Cabo Yubi und Villa Cisneros zu landen; einer wüstenhaften Gegend. Die Besatzung wurde von aufrührerischen Eingeborenen gefangengenommen und später an eine spanische Behörde übergeben; das Flugzeug wurde zerstört.
Aufgrund dieser Ereignisse gab die Regierung von Uruguay das für Werknr. 76 geplante Weltrundflugprojekt auf und verzichtete auf weitere Lieferungen. Die Werknr. 76 ging dann, mit Hispano-Suiza-Motoren von 640 PS ausgerüstet, als M-MWAO nach Spanien.
Dort war man immer noch restlos zufrieden, zumal der erste Wal – Werknr. 1 M-MWAA, W.1 »Valencia« – nach vierjährigem Kriegseinsatz in Spanisch-

Der erste Wal für die niederländische Fliegertruppe wurde von der CMASA als Werknr. 60 ausgeliefert und erhielt die Zulassung D-1.

Marokko an einem Geschwaderflug von 17000 km von Spanien nach Fernando Po und zurück teilgenommen hatte, wobei keinerlei Schwierigkeiten auftraten.
Wenig Glück war einem Unternehmen des portugiesischen Luftfahrtministeriums beschieden. Die Portugiesen kauften für einen geplanten Weltrundflug den CMASA-Wal Nr. 71 mit 450 PS-Lorraine-Dietrich-Motoren mit Getriebe, der nach seiner Abnahme am 21. August 1926 den Namen »Argus« erhielt. Es war der erste Wal mit einem verlängerten Bootsvorderteil. Die Maschine hatte ein Leergewicht von 3650 kg und ein Fluggewicht von 5850 kg. Sie erreichte eine Höchstgeschwindigkeit von 186 km/h und stieg in 20 Minuten auf 2000 m Höhe. Die Besatzung bestand aus Major José Sarmento de Beires als Flugzeugführer, Leutnant José Cabral als Navigator und Manuel Gouveia als Bordwart. Das Flugboot startete am 11. Januar 1927 von Marina di Pisa und wasserte am 14. Januar bei Alverca nahe Lissabon. Dort tobte gerade einer der berüchtigten Biscaya-Stürme, durch den »Argus« beträchtliche Schäden an einem Flügelende, am Rumpfende und am Leitwerk erlitt.
Am 2. März 1927 startete »Argus« von Alverca. Die Besatzung steuerte in 18 Stunden und 20 Minuten 2595 km über den Atlantik; über Soia auf der Bissagos-Insel nach Fernando di Noronha. Die mittlere Geschwindigkeit betrug 141 km/h. Am 10. April erreichte der Wal Rio de Janeiro. Im Hinblick darauf, daß das Flugzeug nicht genügend Reichweite hatte, um den Pazifik zu überqueren, verzichtete die Besatzung auf die Umkreisung der Erde und beschloß, über Mittel- und Nordamerika in die Heimat zurückzukehren. Am 1. Juni begann man den Rückflug mit erster Etappe bis Natal. Am 4. Juni startete das Flugzeug von Natal, überflog Fortaleza und landete nach zehn Stunden und 14 Minuten in

Das niederländische Flugboot D5 wurde in Holland bei Aviolanda aus von der CMASA gelieferten Teilen der Werknr. 64 zusammengebaut.

Das Flugboot D 11 wurde bereits komplett bei Aviolanda gebaut und trug die Aviolanda-Werknr. 6.

CMASA lieferte den Wal Werknr. 67 mit französischen Farman-12-WE-Motoren. Der Transatlantikflug unter Kommandant Larre Borges scheiterte im Februar 1927.

Wenig Glück war auch dem Wal Werknr. 71 unter Führung des portugiesischen Majors de Beires beschieden. Er erreichte zwar Rio de Janeiro, scheiterte aber auf dem Rückflug nach Europa.

Bei seiner Ankunft in Rio wurde de Beires und sein Wal am 10. April 1927 stürmisch gefeiert.

Der italienische Wal I-AZDT besaß die Werknr. 109 CMASA, wurde aber in Lizenz bei der Firma Piaggio gebaut. Er ging später an die Lufthansa und erhielt die Zulassung D-1647.

Auch I-AZDU wurde als Werknr. 110 bei Piaggio gebaut und ging dann als D-1648 an die Lufthansa.

CMASA-Wal Werknr. 68 ging mit der Zulassung I-AYZY an die Luftverkehrsgesellschaft S. A. Navigazione Aerea (SANA).

Santa Maria Belem do Parà. Dabei legte es 1750 km zurück, was einer mittleren Geschwindigkeit von etwa 170 km/h entsprach. Der letzte Teil des Fluges vollzog sich bei ungewöhnlich schlechten Witterungsbedingungen. Das Flugzeug flog am 7. Juni mit einer Last von etwa 3000 kg bei bewegter Luft und bewegtem Meer von Belem weiter. Nachdem man schon die große Insel Marajo überflogen hatte, wurde das Wetter immer schlechter; besonders widrig aber über dem Mündungsgebiet des Amazonasstroms und der Insel Maracà. Schließlich verhinderte stärkster Wind den Weiterflug; noch bevor das Flugboot Kap Cassipore erreicht hatte. Vermutlich veranlaßte die außerordentliche Instabilität des Fluges vereint mit seitlichen Windböen das Abbrechen eines Stückes der Nabenhaube der hinteren Luftschraube. Kommandant De Beires entschied sich, zu wassern. Trotz stärkstem Seegang setzte er das Flugzeug ohne weiteren Schaden auf die Wogen.

Nach kurzem Aufenthalt im freien Ozean, bei dem die Schäden repariert und die Luftschraube kontrolliert wurden, entschloß sich De Beires um 13.35 Uhr trotz des hohen Seegangs zum Start. Als das Flugboot schon »auf Stufe« war, brachte eine riesige Woge und ein Windstoß von der Seite das Flugboot zum Unterschneiden auf der rechten Seite. Der gewaltige Stoß zog eine Reihe von Beschädigungen und nicht mehr zu behebenden Brüchen nach sich; insbesondere am rechten Tragwerk, das in Alverca behelfsmäßig repariert worden war. Flugzeug und Besatzung blieben dem Seegang und dem Sturm ausgeliefert; erst gegen 18 Uhr brachte ein Fischereisegler Hilfe, der sich wegen des Sturmes jedoch nur mit größter Mühe näherte. Etwa um 19.10 Uhr glückte es, am Flugboot anzulegen und die Besatzung zu retten. Das Flugzeug wurde aufgegeben.

Der Segler fuhr nach Montenegro (Amapa) und setzte seine Reise bei schlechtem Wetter bis nach Vigia fort, wo die Flieger in der Frühe des 14. Juni von Bord gingen. Mit dem Dampfer »Hildebrand« reisten sie nach Lissabon weiter, das sie am 27. Juni 1927 erreichten.

Während Spanien, Portugal, Chile, Argentinien hauptsächlich Militär-Wale einsetzten, flogen in Italien die meisten Verkehrs-Wale. Die Fluggesellschaft S.A.N.A. hatte zu ihren fünf Walen jetzt noch die Werknr. 58 bekommen, die als I-DAOK registriert wurde. Mit diesen Booten unterhielt die S.A.N.A. ab April 1926 Liniendienste zwischen Genua, Rom, Neapel und Palermo. Sie erfreuten sich eines regen Zuspruchs, zumal die Zuverlässigkeit der Flüge sich bald herumsprach.

MARINA-I
I-XA

Zwölf Weltrekorde in zwei Monaten

Ein viermotoriger Superwal

Die ersten Militär-Wale, die an die UdSSR geliefert wurden, arbeiteten noch mit Rolls-Royce-Motoren. Da die Sowjets aber bereits Interesse an dem neuen deutschen BMW VI-Motor zeigten, den sie später als M-17 in Serie bauten, wurden nun die ersten Wale mit diesem Motor ausgerüstet. Acht Wale mit diesem Triebwerk wurden ab 1928 von Marina di Pisa über Brindisi–Istanbul nach Sewastopol auf dem Luftweg überführt. Die Lufthansa schickte im Juli 1928 einen mit BMW ausgerüsteten Wal auf die Teststrecke Travemünde – Lissabon – Cadiz – Las Palmas und zurück, was einer Entfernung von rund 7500 km entsprach.

Eine weitere Bewährungsprobe des Wals war die Hilfsexpedition für den verunglückten Polarflug-Versuch des italienischen Admirals Nobile mit dem Luftschiff »Italia«. Die italienische Marine setzte erfolgreich die beiden italienischen Militär-Wale »Marina I« und »Marina II« ein, da sich die Wale, wie bereits bei Amundsen, ausgesprochen gut für Einsätze in der Arktis eigneten. Die Russen kamen zum gleichen Ergebnis. Die sowjetische Hauptverwaltung für den »Nördlichen Seeweg« (Glawsewmorputj) hat wiederholt auf die besondere Eignung der Dornier-Wale für Starts und Landungen auf Schnee- und Eisflächen hingewiesen.

Im August 1928 waren die Vorbereitungen des irischen Kapitäns Courtnay mit seinem überholten Amundsen-Wal, der jetzt die Kennzeichen G-EBQO trug, soweit gediehen, daß er starten konnte. Er flog von Marina di Pisa nach Calshot in England. Von dort ging es zunächst bis zu den Azoren. Auf dem halben Weg zwischen Azoren und Neufundland (600 km vor der Küste Neufundlands) wurde Courtnay plötzlich von einem Motorbrand überrascht. Er wasserte notgedrungen und gab SOS-Funksignale. Nach 24stündigem Treiben auf See kam ihm der Dampfer »Minnewaska« zu Hilfe. Er nahm die Wal-Mannschaft an Bord. »G-EBQO« wurde jedoch seinem Schicksal überlassen. Dieser Wal legte Zeugnis von seiner Standfestigkeit ab: nach fünf Tagen fand ihn der Dampfer »Valprato« treibend auf und hievte ihn an Bord. Er transportierte das Boot nach Italien. Aber seine Laufbahn war noch lange nicht beendet!

Seit Anfang 1927 hatte man in Manzell an der Entwicklung eines viermotorigen Superwals gearbeitet; wobei die Reichsmarine den Bau förderte. Die erste Ausführung wurde Ende 1927 fertig. Die Erprobungsflüge wurden im Auftrag der Industrie-Verbindungsstelle der Marine und der Deutschen Lufthansa von Flugkapitän Horst Merz durchgeführt. Es wurden später 16 Superwale gebaut, von denen sechs an die S.A.N.A. gingen, wo sie noch bis Ende der 30er Jahre auf Strecken im Mittelmeerraum flogen. Ein viermotoriger Superwal kam, wie bereits berichtet, nach Spanien. Angeblich sollen sieben Superwale an die Lufthansa geliefert worden sein. Tatsächlich sind aber nur drei, D-

Bei der Hilfsexpedition für das verunglückte Luftschiff »Italia« bewährten sich die beiden italienischen Militär-Wale »Marina I« (hier im Bild) und »Marina II«.

Der irische Captain Courtney, der mit Amundsens altem Wal N-25 (jetzt mit neuem Kennzeichen G-EBQO) einen Transatlantikflug unternehmen wollte, scheiterte. Sein Wal trieb fünf Tage in der offenen See, ohne Schaden zu nehmen

Der einzige Wal mit britischen Kennzeichen – Courtneys Maschine ausgenommen – flog als G-CAJI in Kanada.

1255, D-1447 und D-1500 als Lufthansa-Eigentum nachzuweisen. Ob D-1782 »Usedom« jemals bei der Lufthansa flog, läßt sich nicht beweisen. Es ist demnach anzunehmen, daß die restlichen sechs Superwale an die DVS gingen, die sie zur vormilitärischen Ausbildung von Marinefliegern einsetzte.

Nach Abschluß der Superwal-Erprobung durch Flugkapitän Merz beschloß die Dornier-Geschäftsleitung, erneut auf Rekordjagd zu gehen. Dem Chefpiloten Richard Wagner gelangen im Januar und Februar 1928 prompt zwölf Weltrekorde mit 1000, 2000 und 4000 kg Nutzlast. Zu den bemerkenswertesten Rekorden gehörte ein Flug, bei dem Wagner mit 4037 kg Nutzlast eine Höhe von 2000 m erreichte.

Der Superwal wurde im Laufe der Produktion mit Napier »Lion« 460 PS und Gnôme-Rhône »Jupiter«- sowie Siemens »Jupiter«-Motoren von 480 und 525 PS ausgerüstet. Es sei bemerkt, daß beide »Jupiter«-Motoren Lizenzbauten des britischen Bristol »Jupiter«-Motors waren. Als absolut ungeeignet für den Einbau beim Superwal erwies sich nur der amerikanische Pratt & Whithey »Hornet« von 550 PS. In den USA konnte sich auf Grund dieser Tatsache der für den Einsatz bei den Stout Air Lines vorgesehene Superwal nicht durchsetzen.

In Spanien hatte man sich im Zusammenhang mit dem Lizenzbau des Wals bei CASA zu einem ehrgeizigen Projekt entschlossen. CASA sollte die Produktion mit dem Bau eines Superwals beginnen, mit dem Ramon Franco dann den mit W. 16 »Numancia« verunglückten Atlantikflug durchführen wollte. Zu diesem Zweck kaufte CASA bei Dornier einen Satz Material für den Bau eines Superwals im Werte von ca. 55000 Dollar, der in Cadiz montiert werden sollte. Die Finanzierung erfolgte durch die spanische Regierung. Dieser Superwal wurde in Cadiz am 1. Juli 1928 fertiggestellt und als W. 13

Die sowjetischen Behörden für die Verkehrswege in der Arktis zeigten sich besonders von der Befähigung der Wale zu Eisstarts und -landungen beeindruckt.

Einer der ersten Wale mit nach hinten verlegtem Führersitz war D-1488, Werknr. CAMSA 107. Dieses Boot flog bei der Lufthansa als »Hamburg« und hatte ursprünglich die Zulassung I-AZDR.

Der zweimotorige Superwal D-1255, Werknr. 147, wurde in Manzell gebaut und ging als »Narwal« an die Lufthansa.

Der erste viermotorige Superwal, Werknr. 143, wurde als D-1337 zugelassen und ging als »Pottwal« an die Severa.

Ein weiterer »Superwal« mit zwei Packard-Motoren von je 800 PS (Werknr. 148) wurde als D-1385 für die DVS zugelassen.

Der viermotorige Superwal D-1500 ging zuerst zur Waffenerprobung nach Travemünde. Hier der Bug mit der »F«-Kanone (Weiterentwicklung der alten Becker-Kanone).

D-1500 hatte im hinteren Teil des Bootes noch zwei MG-Stände. Nach deren Ausbau ging das Boot als »Blauwal« (später »Eckener«) an die Lufthansa.

»Numancia« in Dienst gestellt. Anstatt der vorgesehenen vier Rolls-Royce-»Condor«-Motoren von je 675 PS waren aber nur Napier »Lion« von 450 PS eingebaut worden. Franco entschloß sich trotzdem, am 1. August 1928 mit seinen Begleitern Eduardo Gonzales Gallarza, Ruiz de Alda und dem Mechaniker Rada in der Bucht von Cadiz zu dem beabsichtigten Flug zu starten. Aber nach etwa einstündigem Flug traten bei den beiden hinteren Motoren Störungen auf, die zur Notwasserung beim Cap Santa Maria in Portugal führten. Die Reparaturen gestalteten sich so schwierig, daß Franco beschloß, sein ehrgeiziges Projekt aufzugeben. Von einem Serienbau des Superwal war nicht mehr die Rede. Nach erfolgter Reparatur wurde »Numancia« nach Los Alcazares gebracht und noch bis 1932 geflogen. Am 12. März 1932 machte Leutnant Kryguin mit diesem Superwal eine so schwere Bruchlandung, daß die Luftfahrtbehörde die Sperrung weiterer Flüge verfügte. Damit war das Schicksal dieses Superwals besiegelt. Der Auftrag zum Bau der Wale W. 17 bis W. 32 wurde aber erteilt.

In Deutschland machte die geheime Aufrüstung der Reichsmarine weitere Fortschritte: Die 1926 angekauften Caspar-Werke wurden als Versuchsstelle für militärische Erprobungen eingerichtet. Diese Anlage erhielt offiziell den Namen »Seeflugzeug-Erprobungsstelle (S. E. S.) Travemünde«. Leiter der S. E. S. wurde Korvettenkapitän a. D. Moll. Sie wurde aus Tarnungsgrünen später dem Reichsverband der Deutschen Luftfahrt-Industrie angegliedert und erhielt dessen Namen mit dem Zusatz »Erprobungsstelle Travemünde«. Ähnlich erging es der Erprobungsstelle Rechlin, von der aus die Erprobungen im geheimen Erprobungszentrum Lipezk in der UdSSR gesteuert wurden. Kurze Zeit darauf wurde Kapitän Lahs Leiter des Reichsver-

Der viermotorige Superwal Werknr. 190 wurde als D-1761 »Rügen« bei der Lufthansa geflogen.

bandes der deutschen Luftfahrt-Industrie (RDLI), die alle geheimen Luftfahrt-Entwicklungen und Projekte steuerte. Diese Stelle unterstützte auch Dornier weiter in der Flugbootentwicklung. Das Urteil der Marine über den Dornier-Wal war positiv: *»Das Flugboot vom Typ Dornier-Wal ist eine brauchbare Konstruktion gewesen. Das schon frühzeitig entwickelte Flugboot hat lange Jahre der Luftwaffe zuverlässig und ohne Aufsehen zu erregen gedient.«*

In dem bereits erwähnten Seeflugzeug-Wettbewerb war Wolfgang von Gronau als Sieger hervorgegangen und hatte dadurch nach seinen eigenen Worten Sicherheit gewonnen, größere Aufgaben anzupacken. Er wechselte nun zur D. V. S. über und arbeitete von nun an auf der Flugstation List auf Sylt. Hier war inzwischen Amundsens alter Wal N-25 gelandet, nachdem Courtneys Projekt gescheitert war.

Aber auch in Holland und Spanien zeigten die Dornier-Wale ihre Qualität und Zuverlässigkeit. Im April 1929 flogen drei Aviolanda-Wale unter Führung von Kapitänleutnant Tetenburg von Den Helder in Holland nach Surabaya auf Java, damals eine niederländische Kolonie. Bei der Wasserung ging das Flugboot D-21 verloren. Auch in Spanien blieb man nicht untätig: Im Juni 1929 unternahm Ramon Franco einen weiteren Versuch, den Atlantik zu überqueren. Diesmal flog er den Wal Werknr. 115, M-MWAP, Marinenr. W16. Dieser Wal war mit Hispano-Suiza-Motoren von je 600 PS ausgerüstet. Wegen technischer Schäden mußte dieser Wal mit dem Namen »Numancia« eine Notwasserung durchführen und trieb mehrere Tage auf dem Atlantik, bis der britische Flugzeugträger »Eagle« das Boot fand und Boot sowie Besatzung an Bord nahm.

In Deutschland waren die Aufbaupläne der Reichsmarine inzwischen so weit gediehen, daß diese nunmehr über zwei Flugstationen verfügte: Warnemünde für den Ostseebereich unter Leitung von Korvettenkapitän a. D. Goltz sowie List auf Sylt un-

Mit Einzelteilen aus Manzell baute die Firma C. A. S. A. in Cadiz den viermotorige Superwal »Numancia« W 13, den die Spanier am 1. Juli 1928 fertigstellten.

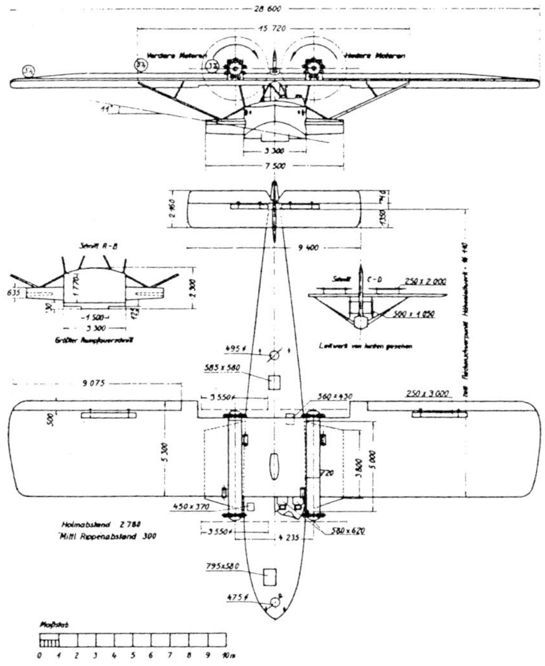

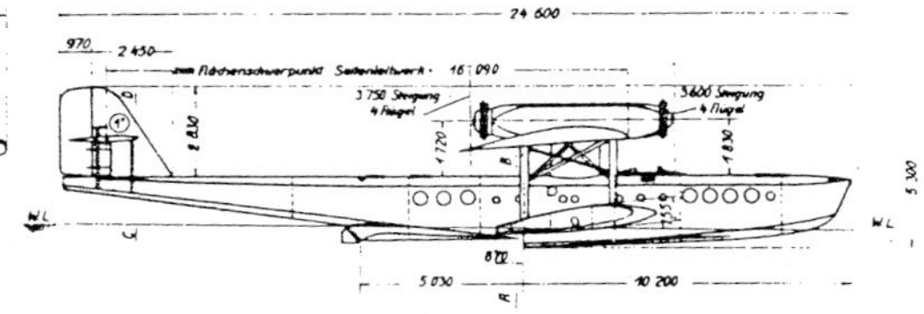

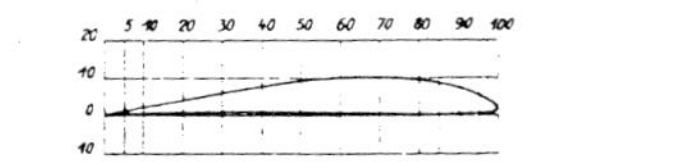

v. Hundert		5	10	20	30	40	50	60	70	80	85	90	92½	95	97½	98¾	100
unten		0	0	0,01	0,19	0,26	0,37	0,37	0,37	0,21	0,19	0	0,10	0,17	0,47	0,57	1,92
oben		1,20	2,30	4,30	6,10	7,70	8,90	9,80	10,0	9,60	8,90	7,80	7,00	5,90	4,40	3,40	1,92

Rüstgewicht . . . 8 490 kg
Zuladung . . . 4 110 kg
Fluggewicht . . . 12 600 kg

Flächengröße . . . 142,6 m²
Mittlere Flügeltiefe . . . 4,92 m
Querruder . . . 10,3 m²
Höhenflosse . . . 12,4 m²
Höhenruder . . . 7,1 m²
Seitenflosse . . . 4,4 m²
Seitenruder . . . 3,7 m²

Motor . . . 4 Gnôme et Rhône Jupiter VI 9 AK 5,3
Leistung . . . 1900 PS

Flächenbelastung . . . 89,6 kg/m²
Leistungsbelastung . . . 6,6 kg/PS

Tankinhalt an Kraftstoff . . . 3 860 l
Tankinhalt an Schmierstoff . . . 306 l

Do R-Gas „Superwal."

Dornier-Metallbauten G.m.b.H.
Friedrichshafen a. B.

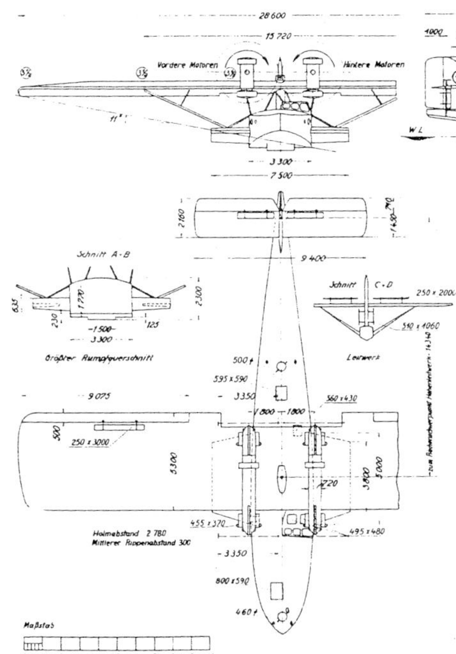

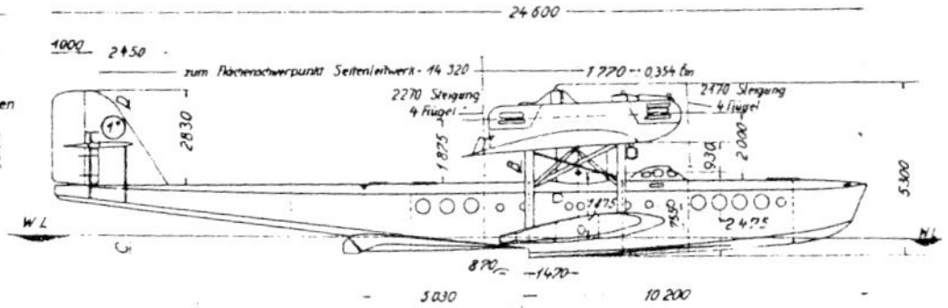

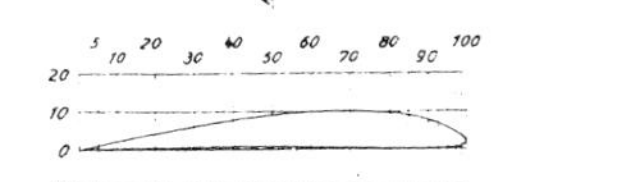

v. H	Maße	5	10	20	30	40	50	60	70	80	85	90	92½	95	97½	98¾	100
unt.		0	0	0,01	0,19	0,26	0,37	0,37	0,37	0,21	0,19	0	0,10	0,17	0,47	0,57	1,92
ob.		1,2	2,3	4,3	6,1	7,7	8,9	9,8	10	9,6	8,9	7,8	7,0	5,9	4,4	3,4	1,92

Rüstgewicht . . . 9 346 kg
Zuladung . . . 3 254 kg
Fluggewicht . . . 12 600 kg

Fläche . . . 142,8 m²
Mittlere Flügeltiefe . . . 5 m
Querruder . . . 10,3 m²
Höhenflosse . . . 13,1 m²
Höhenruder . . . 7,1 m²
Seitenflosse . . . 4,4 m²
Seitenruder . . . 3,7 m²

Motor . . . 4 Napier Lion V 5,8
Leistung . . . 1800 PS

Flächenbelastung . . . 88,2 kg/m²
Leistungsbelastung . . . 7,0 kg/PS

Tankinhalt an Kraftstoff . . . 3850 l
Tankinhalt an Schmierstoff . . . 280 l

Do R-Nas »Superwal«

Dornier-Metallbauten G.m.b.H.
Friedrichshafen a. B.

Italien erhielt einen viermotorigen Superwal, Werknr. 142, mit Gnôme-»Jupiter«-Motoren, der als I-RIDE zugelassen wurde und bei der S. A. N. A. flog.

Als Schwesterboot flog I-RUDO, Werknr. 171, bei der S. A. N. A.

Die niederländischen, meist in Aviolanda gebauten Militär-Wale waren hauptsächlich in Niederländisch-Ostindien eingesetzt. Hier die Marine-Basis Morokrembangan bei Batavia.

Francos Wal »Numancia« nach einwöchigem Treiben im Atlantik (22. bis 29. Juni 1929).

Bergung der »Numancia« M-MWAP durch ein Boot des britischen Flugzeugträgers »Eagle«.

Der Dornier-Wal D-1422 kam nach Courtneys Flug wieder zur Deutschen Verkehrsflieger-Schule List auf Sylt.

ter Kapitänleutnant a.D. Scheurlen. In List war 1928 der alte Amundsen-Wal N-25 eingetroffen, der für die Schulung im Langstreckenflug vorgesehen war. Das Flugboot besaß nun das deutsche Kennzeichen D-1422. Da im Winter in List der Schulflugbetrieb ruhte, hatte das technische Personal alle Hände voll zu tun, um den alten Wal wieder instandzusetzen. Starke Korrosionsschäden am Bootsboden wurden beseitigt, die gesamte Flächenbespannung erneuert, Triebwerke, Instrumente und die Funkanlage gründlich überholt. Die Männer, die daran arbeiteten, hatten keine Ahnung, daß sie die Voraussetzungen für Flüge schufen, die Geschichte machen sollten. Gronau äußerte sich anläßlich des 25jährigen Bestehens der Dornier-Werke selbst dazu: *»Ein Probeflug zu den Faröer-Inseln 1929 zeigte, daß noch manches veränderungs- und reformbedürftig war, ehe man an große Aufgaben herangehen konnte. Mit der Reichweite, die dieses Flugzeug besaß, und mit der erforderlichen Sicherheitsausrüstung war eine direkte Überquerung des Nordatlantik an keiner Stelle möglich. Ich wurde deshalb zwangsläufig auf die sogenannte Nordroute über Island, Grönland, Labrador hingewiesen und konnte später an den genannten Punkten nach entsprechender vorheriger Organisation Brennstoff aufnehmen. Es erwies sich bei der Vorbereitung für den Flug, daß diese Organisation bei weitem der schwierigste Teil des Unternehmens war. Ganz besonders wurde alles dadurch erschwert, daß es ausgeschlossen war, von der Regierung eine Erlaubnis zu einem solchen Flug zu erhalten, und ich deshalb alles mit größter Heimlichkeit betreiben mußte. Das offizielle Ziel des Jahres 1929 hieß Reykjavik auf Island. Dieser Platz wurde in den späten Abendstunden des ersten Tages nach einer Zwischenlandung auf den Faröer-Inseln erreicht. Nebel und Böigkeit hatten den Flug sehr erschwert. Außerdem hatte sich herausgestellt, daß die Funkverbindung und vor allen Dingen der Funkpeiler nicht arbeiteten«.* Er entschloß sich, den Flug hier abzubrechen und die Atlantik-Überquerung um ein Jahr zu verschieben. So flog D-1422 über Bergen-Oslo nach List zurück. Die neuen BMW-Motoren hatten sich bei dem Flug bestens bewährt. Bei diesem 5000 km langen Flug hatten sie ohne Störungen durchgehalten.

Rund um die Welt bewährten sich die Dornier-Wale im Militärdienst und im Luftverkehr. So entschloß man sich auch in den USA zur Gründung einer »Dornier-Company of America«. Als erstes Flugzeug sollte der viermotorige Superwal zum Einsatz kommen. Die Amerikaner legten natürlich Wert darauf, mit amerikanischen Motoren zu fliegen. So sollte dieser Superwal mit Pratt & Whitney »Hornett«-Motoren ausgerüstet werden. Die »Stout

D-1422 nach der Landung in Grönland am 22. August 1930.

D-1422 während der Vorbereitungen zum Rückflug.

D & C Air Lines« in Detroit bestellten zwei dieser Wale, die in Manzell gebaut und vom Besteller auch ordnungsgemäß übernommen wurden. In den USA versagten aber die »Hornet«-Motoren, so daß ein Linienverkehr damit nicht durchzuführen war. Es traten zudem juristische Schwierigkeiten auf. Da aber die Flugboote ordnungsgemäß abgenommen worden waren, konnte der Besteller keine Ansprüche geltend machen.
Die Fachpresse in den USA schlachtete jedoch den Vorfall entsprechend aus und machte für Dornier jeden Verkauf in den USA unmöglich. Ob Konkurrenzfirmen oder US-Luftverkehrsgesellschaften dabei die Hände im Spiel gehabt haben, ist nicht zu beweisen, aber nach den Vorfällen in Südamerika wahrscheinlich. Die Superwale, die bei S. A. N. A., der Lufthansa und in Spanien flogen, haben jedenfalls auch unter schwierigsten Verhältnissen die an sie gestellten Erwartungen vollauf erfüllt.

Superwal Werknr. 191 mit Pratt & Whitney-»Hornet«-Motoren.

Ein neuer Wal in Arbeit und ein alter fliegt nach den USA

Im Januar 1930 verschwand der amerikanische Flieger Eielson beim Versuch, auf der Nordroute von den USA nach Europa zu fliegen, spurlos. An der Suche nach dem Verschollenen beteiligten sich auch die in Nordsibirien stationierten russischen Flieger mit ihren Dornier-Walen – mit Erfolg. Der Russe Tschuchnowski fand Eielson tatsächlich nach mehreren Starts und Landungen auf dünner Eisschicht im Raum Krasnojarsk. Es war einer der mit BMWVI ausgerüsteten Wale. Bei Dornier arbeitete man zu dieser Zeit bereits an der Umkonstruktion des Wals DoJ, die sich aus den Erfahrungen mit den zur Zeit im Dienst befindlichen Walen ergeben hatten. Dieser neue Wal erhielt die Bezeichnung DoJII. Unter Beibehaltung des Grundkonzepts wurde das neue Muster den Anforderungen der Fluggesellschaften und der Luftstreitkräfte, bei denen der Wal in Dienst war, angepaßt.

Der Bootsrumpf des DoJII hatte einen gekielten Bug und ging allmählich in einen flachen Boden über. Eine Längsstufe befand sich im Mittelteil des Bodens, um die Stöße beim Start im Seegang zu verringern. Eine Querstufe ging über die ganze Bootsbreite; der Bootsboden wurde nach der Stufe hochgezogen und lief in dem schlanken Heck aus, auf dem ein neues Seitenleitwerk aufgesetzt war. Ein Kielansatz, der in eine scharfe Schneide auslief, diente dem weichen Einsetzen bei der Wasserung und dem anschließendem Manövrieren im Wasser. Ein Wasserruder war am Ende des Kielansatzes angebracht. Das Boot erhielt durch die Unterteilung in sieben wasserdichte Schottspanten einen erhöhten Sicherheitsgrad. Flächen und Höhenleitwerk wurden nur wenig geändert. Die Tankanlage bestand aus acht in den Flossenstummeln untergebrachten Treibstoffbehältern mit einem Fassungsvermögen von 1400 Litern. Der Einbau von Zusatztanks im Rumpf für Langstreckenflüge war möglich. Im Verlauf des Serienbaus erfuhr der DoJII noch weitere Verbesserungen. Das meistverwendete Triebwerk wurde der BMWVI und VIU. Das Abfluggewicht des Wals lag jetzt bei acht Tonnen. Der Bootsrumpf konnte gemäß den Wünschen der Besteller wahlweise zum Passagier- oder Postdienst, beziehungsweise militärisch ausgerüstet werden. Bei dem Lizenznehmer CASA in Cadiz wurde diese Ausführung von Anfang an gebaut. Hier kam als Triebwerk der französische Lorraine-Dietrich-Motor von 450 PS zum Einbau.

Im März 1930 setzte die Lufthansa DoJII zu Erkundungsflügen für den geplanten Luftverkehr nach Südamerika ein. Beflogen wurden rund 8000 km auf der Strecke Travemünde – Canarische Inseln – Rio de Oro – Cadiz. Zur gleichen Zeit begann das brasilianische »Syndicato Condor« mit einem gemischten Postflug-Schiffsdienst. Ein Wal startete in Rio de Janeiro und flog bis zu einem Punkt 60 Meilen seewärts der Insel Fernando Noronha

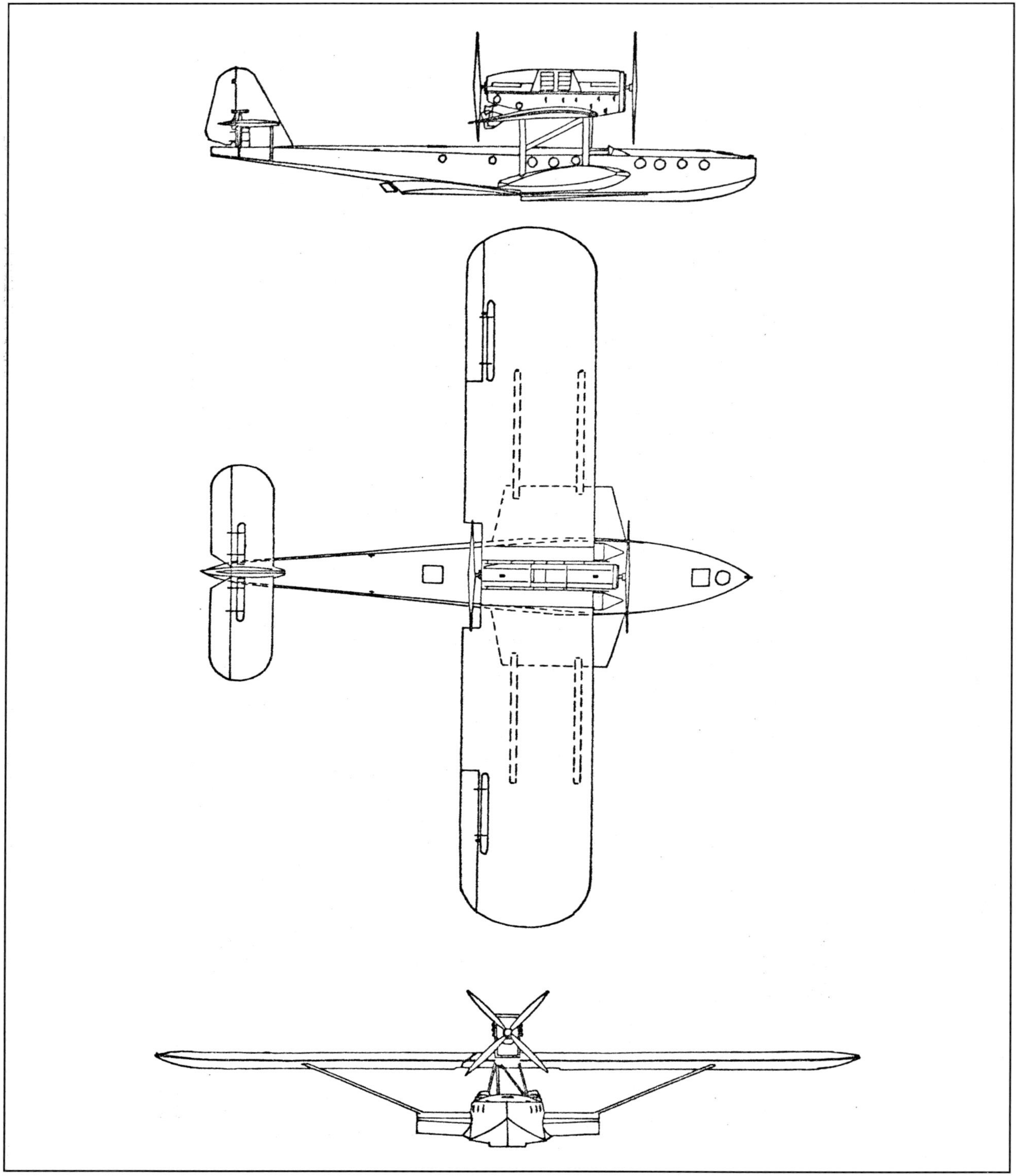

Verkehrswal der 2. Version 1930/31 mit hinten liegendem Führersitz.

Der Russe Tschuchnowski (2. v. links) mit dem Amerikaner Eielson im Januar 1930.

und übergab dort auf hoher See die Post an den Dampfer »Arcona«. Anschließend flog er nach Rio de Janeiro zurück; Gesamtstrecke rund 5000 km. Im Mai folgten zwei weitere Erkundungsflüge Travemünde – Las Palmas – Travemünde.

In List auf Sylt betrieb inzwischen Wolfgang von Gronau unter äußerster Geheimhaltung seinen Plan zur Atlantik-Überquerung. Er erzählte darüber: *»Ich hatte zwar nun schon größere Erfahrung, aber die Geheimhaltung war noch wesentlich schwieriger geworden, und auch sonst tauchten neue und größere Hindernisse auf, die bis zum Schluß die Inangriffnahme des Unternehmens in Frage zu stellen drohten. Doch im letzten Moment wurden alle Schwierigkeiten unter vollkommener Geheimhaltung überwunden und ich konnte mit meiner neuen Besatzung, dem zweiten Führer Eduard Zimmer, dem Funker Fritz Albrecht und dem Bordmonteur Franzl Hack auf einem ausgedehnten Probeflug um die ganze Ostsee das planmäßige Arbeiten des Flugzeugs feststellen und die Besatzung einexerzieren. Dann war es aber höchste Zeit abzuhauen, denn schon sickerte etwas von meinen Plänen durch. Meine Besatzung hatte keine Ahnung von meinem Vorhaben, als wir von List auf Sylt mit dem Ziel Nord-Kap starteten. Wegen der Wetterlage wurde jedoch nach Island geflogen, und nun konnte ich meine Besatzung fragen, ob sie mitmachen wollte; sie stimmte freudig zu. Trotz schlechtesten Wetters!«*

Zwei Männer müssen aber zumindest geahnt haben, was Gronau vorhatte: der Bordmonteur Franzl Hack und der Tankmeister von List, Peter Simonsen. Offiziell war das Abfluggewicht des Wals D-1422 auf 7000 kg erhöht worden. Was aber wirklich an Treibstoff an Bord war, das heißt wieviel »Pocket Gas« Franzl noch zusätzlich in der »Tasche« hatte, war ein Geheimnis, von dem nur er selbst und eventuell noch Simonsen wußten. Als D-1422 nach langem Anlauf schwerfällig abhob, ahnte noch nicht einmal der Leiter der DVS Scheurlen etwas von dem Ziel, das sich von Gronau gesetzt hatte.

Als dann D-1422 über Funk die Landung in Ivigtut auf Grönland am 22. August 1930 meldete, waren einige verblüfft, andere entrüstet. Im Reichsverkehrsministerium gingen einige Leute in die Luft:

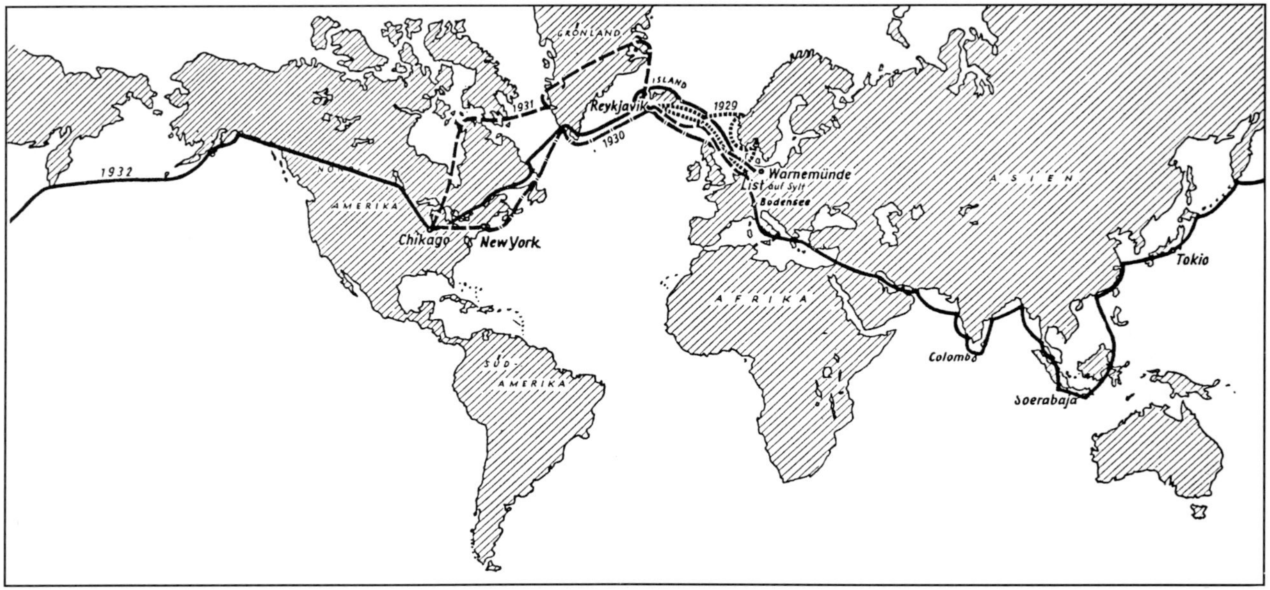

Übersichtskarte über die Flüge, die Wolfgang von Gronau in den Jahren 1929 bis 1932 mit den Dornier-Walen D-1422 und D-2053 unternahm.

Verkehrs-Wal der 2. Version 1930/31 mit vorn liegendem Führersitz.

Wie konnte dieser von Gronau es wagen, eigenmächtig und ohne Erlaubnis mit einem reichseigenen Flugzeug nach Grönland zu fliegen! Aber in diesem Ministerium saß ein Mann, der es verstand, in aller Ruhe zu erklären, man müsse erst einmal abwarten, wie die Sache ausgehe. Es war der Leiter der Luftfahrt-Abteilung im Reichsverkehrsministerium, Ministerialrat Brandenburg. Der einstige Kommandeur des Bombengeschwaders 3, des »England-Geschwaders«, hielt stets seine schützende Hand über Aktionen der noch verbotenen Fliegerkräfte der Reichswehr und Reichsmarine. Als dann von der anderen Seite des Atlantiks die ersten begeisterten Pressestimmen über den Flug eintrafen, schlug auch in Berlin die Stimmung um.

In List ließ man sich die Begeisterung ohnehin nicht vermiesen, denn dort hatten ja alle, wenn auch unbewußt, an der Vorbereitung des Fluges mitgeholfen. Am 23. August 1930 erreichte D-1422 Cartwright, eine kleine Station der Hudson-Bay-Company in Kanada. Das amerikanische Festland war erreicht! Zwar war in Grönland der Stromgenerator über Bord gegangen, aber der Funker Fritz Albrecht konnte mit Hilfe eines kleinen Benzinmotors den gesamten weiteren Funkverkehr in Gang halten. Am 24. August flog D-1422 weiter nach Queensport und am nächsten Tag nach Halifax/Kanada. Am Tag darauf erreichte der Flug seinen Höhepunkt: Am 26. August 1930 um 16.35 Uhr wasserte D-1422 auf dem Hudson River im Hafen von New York. Die Besatzung wurde begeistert begrüßt. Sie hatte rund 6800 km in einer reinen Flugzeit von 44 Stunden und 25 Minuten zurückgelegt, was einer durchschnittlichen Reisegeschwindigkeit von 150 km/h entsprach.

Wer heute mit einem Jumbo-Jet in sechs Stunden nach New York fliegt, mag über von Gronaus Leistung lächeln. Er selbst meinte dazu: *»Da es sich um eines der ersten Stücke dieses Typs handelte, das durch den Einbau der schweren BMW-Motoren auch noch eine andere Schwerpunktlage bekommen hat, sind die Flugeigenschaften nicht gerade berauschend, um nicht zu sagen schlecht,*

Dornier-Wal »Passat« D-2068 in der ersten Ausführung, Führersitz hinten.

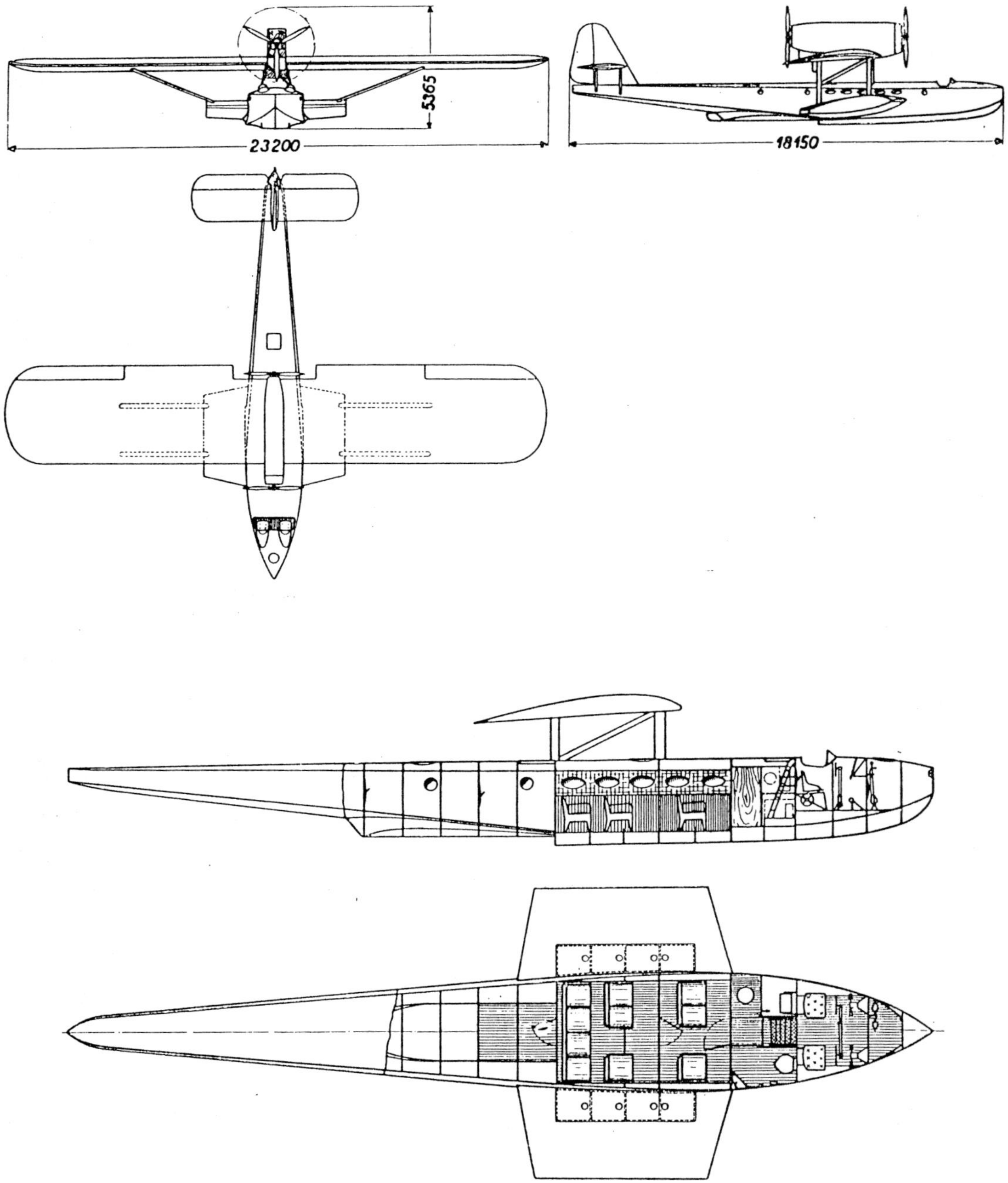

Verkehrs-Wal 2. Version 1930/31 mit vorn liegendem Führersitz.

und die Steuerbelastung ist bei böigem Wetter eine schwere körperliche Arbeit.« Damals kannte man noch keine Servolenkung.

Es gab nur wenige, die den Wert dieses Fluges erkannten. Die »New Yorker Staats-Zeitung« schrieb, daß dieser Flug mit Etappen Island – Grönland – Labrador für die Entwicklung des transozeanischen Luftverkehrs wichtiger sei, als die meisten bisherigen »Nonstop-Flüge«.

Nach der Rückkehr von Gronaus und seiner Besatzung kam es zu einem netten Ereignis, das für ihn, aber auch für seinen Gönner im Reichsverkehrsministerium, geradezu symbolische Bedeutung erhalten sollte. Der Reichsverkehrsminister von Guérard überreichte von Gronau eine Prachtausgabe des bekannten Kleist-Dramas »Prinz von Homburg«, der ja auch gegen Befehle handelte und deshalb Erfolge erzielte; trotzdem aber beinahe zum Tode verurteilt worden wäre. Der Schlußsatz dieses Werkes lautet aber: *»In den Staub mit allen Feinden Brandenburgs!«* Ob sich der Minister der Doppelsinnigkeit dieser Worte bewußt gewesen ist?

Daß die Entwicklung des Transatlantik-Verkehrs gar nicht so schnell voran ging, mag die Tatsache beleuchten, daß der Verfasser 1966/67 noch mit einer strahlgetriebenen Boeing 707 bei einem Flug nach Los Angeles von Frankfurt und zurück noch in Montreal zwischenlanden mußte, um aufzutanken.

D-1422 kehrte jedenfalls an Bord des Schnelldampfers »Hamburg« nach Deutschland zurück und diente noch ein Jahr in List als Schulflugzeug.

Im gleichen Jahr 1930 lief die Wal-Produktion bei der CMASA in Marina di Pisa mit der Werknr. 149 I-AZEG aus, die an die Luftverkehrsgesellschaft »Aero Espresso« geliefert wurde. Gleichzeitig lief die Fertigung in Friedrichshafen-Manzell mit der Werknr. 184 D-2112 an. Es folgte sofort Werknr. 185 D-2068 »Passat« für die Lufthansa, mit der ein neuer Abschnitt in der Geschichte des Wals eingeleitet wurde. Auf D-2068 folgte schnell Werknr. 210 D-2069 »Monsun«. In ihrer Typenbezeichnung, ursprünglich Do J II Bos, erhielten beide Boote den Zusatz »aK«. Er besagte, daß sich diese Boote für den Abschuß vom Flugzeugkatapult eigneten. Etwa zum gleichen Zeitpunkt lieferte die Staatswerft in Sewastopol die ersten dort in Lizenz gebauten Wale N-1 und N-2 aus, die die Kennzeichen JW 104 und JW 105 erhielten. Diese waren mit M-17-Motoren ausgerüstet, dem Nachbau des deutschen BMW-VI-Motors.

Bereits 1929 hatte die erste Zusammenarbeit der Schiffahrt und Luftfahrt im Transozeanverkehr

Friedrich Freiherr von Buddenbrock führte die ersten Wal-Flüge nach Süd-Amerika durch und leitete auch die ersten Katapultflüge.

stattgefunden. Auf den Schiffen des Norddeutschen Lloyd »Bremen« und »Europa« hatte man Flugzeugkatapulte installiert und Vorausflüge von Bord dieser Schiffe nach New York und Southampton mit Eilpost eingeführt. Von den Maßnahmen, die das »Syndicato Condor« in Brasilien in dieser Richtung unternommen hatte, wurde bereits berichtet. Die Überlegungen, die bei der Lufthansa und im Condor-Syndicat angestellt wurden, führten zu dem damals gewagten Vorschlag, die Strekke zwischen den beiden Kontinenten über eine Zwischenlandung in einem Gebiet des Atlantiks zu bewältigen, in dem erträgliche Verhältnisse für Flugboote herrschten. Die Katapultflüge mit den beiden Lloyd-Dampfern ließen den Gedanken aufkommen, auch die großen Flugboote auf dem Südatlantik vom Katapult aus zu starten. Flugkapitän Buddenbrock, der bei diesem Projekt eine leitende Rolle spielen sollte, schreibt darüber: *»Einmal im engeren Kreis geäußert, gewann der Plan sehr bald Gestalt in einer Denkschrift, die über Erwarten schnell als Grundlage für die nächste Entwicklung angenommen wurde, wie ich heute (1965) glaube, wohl nur dank der Tatsache, daß nur sehr wenige sich ein zuverlässiges Bild über das Ausmaß der Schwierigkeiten und Risiken machen konnten, die uns bevorstanden... Drei schwerwiegende Aufgaben waren im Rahmen des gesamten Projekts zu lösen: Eine Landung auf See bei dem Schiff nach Flugplan, die Übernahme des Flugzeugs an Bord des Schiffes unter allen möglichen Wetterbedingungen und schließlich ein Katapultstart von Bord. Voraussetzung für das ganze war ferner die Ausbildung einwandfreier Navigationsmethoden, um das winzige Objekt eines Schiffes auf dem Ozean überhaupt zu finden, was nach Ansicht der meisten Fachleute zu dieser Zeit – wir schrieben 1930 – nicht mit Sicherheit möglich war. Die erste Aufgabe, die Landung auf See, war zur Hälfte schon gelöst durch das hochseefähige Flugbootmaterial unserer Dornier-Wale, mit denen nun langjährige und überzeugende Erfahrungen vorlagen. Die andere Hälfte bestand in der Ausbildung der Besatzungen von Schiff und Flugzeug und dem Zusammenwirken beider auch unter schwierigen Verhältnissen«.* Die Lösung der beiden anderen Probleme sollte in den folgenden zwei Jahren erfolgen.

Von Ende April bis Anfang Oktober gelangen von Bord der beiden Lloyd-Dampfer 24 erfolgreiche und unfallfreie Katapultflüge. Treibende Kraft für diese Vorbereitungsflüge für das Südatlantik-Programm waren die Lufthansa-Direktoren Erhard Milch und Carl-August Freiherr von Gablenz. Die Abteilung »See« der Lufthansa leitete Kapitänleutnant a.D. Otto Bertram. Die Flüge wurden 1931 fortgesetzt, um weitere Erfahrungen zu sammeln.

Inzwischen bereitete Wolfgang von Gronau einen zweiten Amerika-Flug auf der Nordroute vor. Hierfür wurde ihm ein neuer Dornier-Wal zur Verfügung gestellt.

Do J II bBos D-2053, Werknr. 223. Mit diesem Wal flog Wolfgang von Gronau um die Welt.

Über das Grönland-Inlandeis

Von Gronaus zweiter Flug nach den USA

Während man sich bei der Lufthansa und beim Condor-Syndicat immer noch den Kopf über die Lösung der Probleme des Südatlantik-Luftverkehrs mit Schiff und Katapult zerbrach, lieferte Dornier im Juli den nächsten Wal des Typs J II Bos an die DVS in List ab. Das Flugboot hatte die Werknr. 223 und erhielt die Zulassung D-2053. Von Gronau und seine alte Besatzung von der D-1422 waren sich einig, daß man mit diesem Wal noch einmal nach New York fliegen wollte. Eine größere Flugstrecke sollte über Grönland gehen, um lange Seestrecken zu vermeiden. Von Reykjavik wollte man die Ostküste Grönlands anfliegen, von dort die Westküste quer über das Inlandeis anstreben, um dann über Nordlabrador durch die Hudson-Bay Chicago zu erreichen. Von Gronau lag dabei sehr an der weiteren flugmeteorologischen Erforschung Grönlands. Aber auch dieser Flug verlief anders als ursprünglich geplant. D-2053 war mit den stärksten BMW-VII a-Motoren ausgerüstet, mit denen sich von Gronau die Überfliegung des grönländischen Inlandeises zutrauen konnte, obwohl sich in diesem Gebiet Berge mit Höhen bis über 3000 m befanden. Diese Ostwest-Überquerung stellte eine außerordentliche Beanspruchung von Mensch und Maschine dar, insbesondere deshalb, weil das Flugboot die gesamte Sicherheits- und Polarausrüstung mitschleppen mußte. Eine Notlandung auf dem Eise wäre wahrscheinlich, trotz aller Vorsichtsmaßnahmen, eine Katastrophe geworden, denn die Überwindung der Entfernung zwischen den einzelnen bewohnten Plätzen hätte Fußmärsche von mehreren Wochen erfordert. Für eine solche Zeitspanne reichte aber der Proviant nicht aus. Von Gronau hatte damit gerechnet, bei Ausfall eines Motors mit dem anderen weiterfliegen zu können. Nun aber stellte sich heraus, daß beide Motoren in der dünnen Luft mit Vollgas laufen mußten, um überhaupt die Höhe halten zu können. Ähnliche Gefahren bargen auch die schier unendlichen kanadischen Waldgebiete. Die größte Leistung dieses Fluges war jedoch die erste Überquerung des Grönland-Inlandeises. Dabei entdeckte von Gronau eine ganze Reihe von neuen Gebirgszügen, die noch heute den Namen »Gronau Nunatakker« führen. Trotz der Schwierigkeiten, die bis 3000 m hohen Berge des Inlandeises mit der überlasteten Maschine zu überfliegen, gelang es, alle Schwierigkeiten zu bewältigen. Das Flugboot überwand auch die ausgedehnten Landstrecken des nördlichen Amerikas und erreichte wohlbehalten Chicago.

Der Rest des Fluges bis New York war dann im Verhältnis zu dem, was man bereits geschafft hatte, nur noch ein Katzensprung. Von Gronau bemerkte später: *»Das Baumuster als solches hatte sich hervorragend bewährt. Wir hatten unser Flugboot liebgewonnen, und der Eindruck dieses Fluges war ein so starker gewesen, daß er fast die Erinnerung an den des Vorjahres auslöschte. Noch*

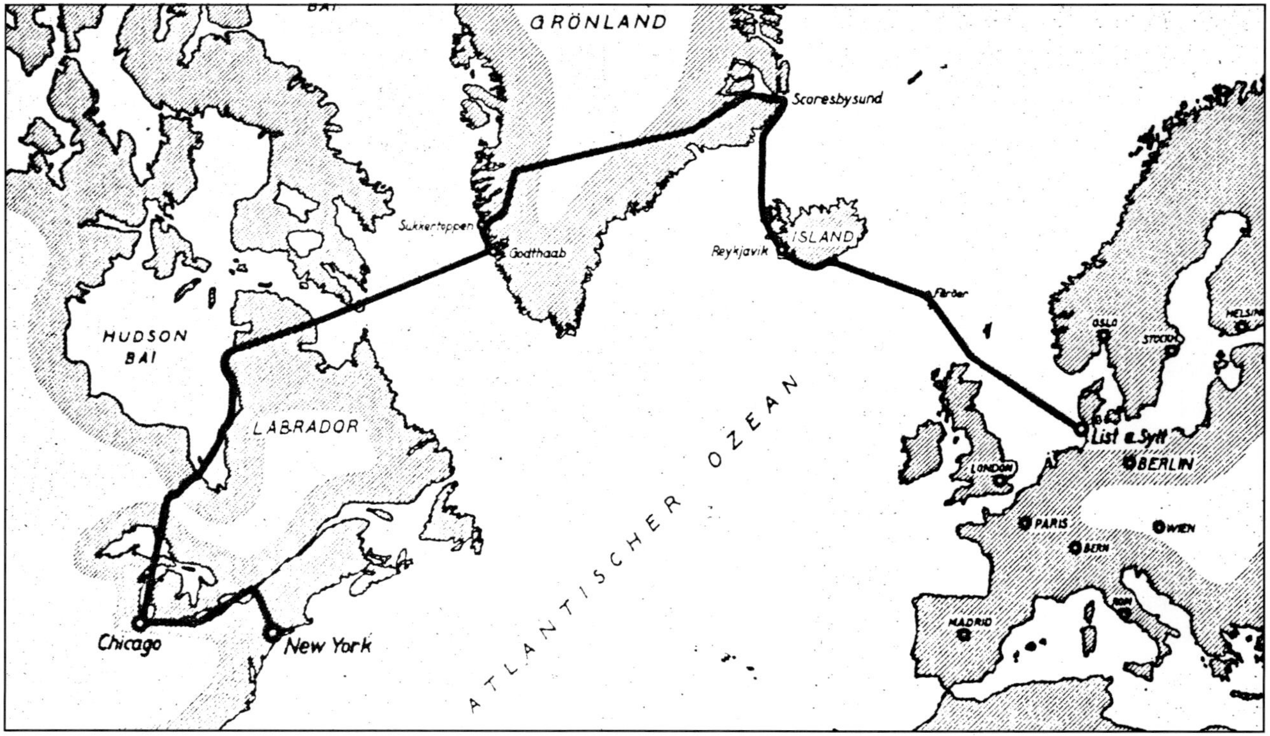

Übersichtskarte über von Gronaus zweiten Amerika-Flug 1931 mit dem Dornier-Wal D-2053.

Do J II cSas war der einzige Wal, der mit dem Siemens Sh 20 ausgerüstet wurde. Zuerst D-2159, dann D-AGUS, Werknr. 224.

aber war die Welt zu bezwingen, und nach Vornahme geringfügiger Änderungen schien unser Wal, wir hatten ihn »Grönland-Wal« getauft, durchaus geeignet für dieses Unternehmen.«
Und so begann von Gronau mit den Vorbereitungen für einen Flug um die Welt, der ein Jahr später erfolgen sollte.
Bei der Reichsmarine hatte man die Weiterentwicklung des Wals natürlich aufmerksam verfolgt. Es war klar, daß man die militärische Nutzung der neuen Version auch untersuchen wollte. Zu diesem Zeitpunkt bot die Firma Siemens & Halske, die in ihrem Flugmotorenwerk (Flumo) in Berlin-Spandau schon seit 1912 Flugmotoren baute, neben dem von ihr in Lizenz gebauten Jupiter-Motor einen neuen, luftgekühlten Neun-Zylinder-Sternmotor an, den Sh20. Es war der erste deutsche Motor dieser Art mit einem Hubraum von 31,5 Litern; und mit einer Leistung von 540 PS auch der stärkste. Er kam also der Leistung des BMWVI nahe. Der Sh20 legte Anfang 1930 seine Musterprüfung ab. Die Deutsche Versuchsanstalt für Luftfahrt (DVL) gab folgendes Urteil ab: *»Ruhiger Lauf, geeignet für Dauerbeanspruchung, bemerkenswerte Unempfindlichkeit gegen hohe Außentemperaturen, auch im Orient.«* So forderte die Marine einen J II-Wal, der mit diesem Motor ausgerüstet werden sollte. Es entstand die Werknr. 224, die als D-2159 zugelassen wurde. Im Verlaufe der Erprobung in Travemünde erfuhr dieses Flugboot mehrfache Änderungen. Unter anderem erhielt D-2159 zeitweise an den Tragflächen eine leichte V-Stellung. Die Werkstypenbezeichnung lautete JIIcSeS. Der Sh20 konnte sich aber nicht durchsetzen, obwohl 30 dieser Motoren gebaut wurden.
D-2159 wurde später auf BMW-Triebwerke umgerüstet und erhielt dann auch eine neue Registrierung: D-ABIR. Das Referat »d« (Entwicklung und Erprobung) des Marine-Kommando-Amtes strebte inzwischen danach, in Zusammenarbeit mit den Dornier-Werken einen achten Wal für militärische Zwecke zu entwickeln, der die Grundausstattung der geplanten Fernaufklärer-Verbände der Marine bilden sollte. Noch war es nicht soweit.
In Spanien war die Lizenzproduktion des Wals bei CASA mit den Flugbooten W17 bis W32 ausgelaufen, die alle mit Lorraine 12Ed-Motoren von 450 PS ausgerüstet waren. Aus ihnen waren die Grupo No. 10 in Melilla und die Gruop No. 6 in Los Alcazares gebildet worden, die nun in Dienst waren. Von den alten 16 Walen waren W3 und W4 1924, W11 1925, W9 1927, W8 und W10 1928 durch Unfälle verloren gegangen. Es bestanden Pläne bei CASA, nun einige Verkehrs-Wale zu bauen.
Von den holländischen Walen war D-10 in Ambon abgestürzt, D-22 in Basrah verunglückt, D-26 in Surabaya und D-36 bei Mapia (abgesehen von Basrah ereigneten sich alle Unfälle in Niederländisch-Indien).
Die Italiener, die mit ihren Walen den ganzen Mittelmeerraum beflogen, verzeichneten verhältnismäßig wenige Ausfälle: I-PLIF (W. Nr. 66) 29. September 1928, I-AZDL (W. Nr. 102) 3. November 1932 und I-AZEE (W. Nr. 149) 20. Juli 1933.
Die Lufthansa flog mit ihren Walen auf den Strekken nach Stockholm, Oslo und Kopenhagen und vor allem zu den Seebädern der Nord- und Ostsee. Sie flog Borkum, Norderney, Langeoog, Wangeroge, Wyk, Westerland, Stralsund, Hiddensee, Sellin und Swinemünde an. Die alten Wale D-861, D-863 und D-864 waren 1931 schon außer Dienst gestellt. Nur D-862 »Sägefisch« flog noch zu den Bädern sowie nach Helgoland. D-1196 und D-1213 waren an das Condor-Syndicat abgegeben worden. Sie gingen 1927 und 1928 in Brasilien verloren.

Zu den wenigen Verlusten der Italiener im Mittelmeer gehörte der Militär-Wal CAMSA Werknr. 66, der am 29. September 1928 verloren ging.

Einer der ersten bei der C. A. S. A. in Cadiz gebauten spanischen Militär-Wale.

Weltrundflug und Südatlantik-Planung

Am 22. Juli 1932 startete Wolfgang von Gronau mit seiner Besatzung Gert von Roth (Co-Pilot), Fritz Albrecht (Bordfunker) und Franzl Hack (Bordmonteur) mit dem Dornier-Wal D-2053 um 11.00 Uhr von List auf Sylt zur ersten Etappe seines Weltrundfluges.

Gronau hatte das Flugboot, den »Grönlandwal«, sorgfältig ausgerüstet, um alle eventuell auftretenden Schwierigkeiten mit Bordmitteln beheben zu können und nicht auf Hilfe von dritter Seite angewiesen zu sein. Nach mehr als achtstündigem Flug wasserte der Wal kurz vor 19.30 Uhr im Seydisfjord an der Ostküste Grönlands. D-2053 war mit einer Durchschnittsgeschwindigkeit von 180 km/h erheblich schneller gewesen als der alte D-1422. Am nächsten Vormittag um 11.55 Uhr erfolgte der Start vom Seydisfjord. Island wurde nördlich umrundet und um 15.05 Uhr in Reykjavik gewassert. Am 25. Juli flog D-2053 um 10.30 Uhr von dort ab und erreichte abends gegen 19.00 Uhr Ivigtut an der Südwestküste Grönlands. Der vorjährige Flug über das Inlandeis Grönlands hatte gezeigt, daß mit einer aussichtsreichen Entwicklung dieser Route unter den gegenwärtigen Bedingungen nicht zu rechnen war. So wählte von Gronau diesmal den Weg um die Südspitze Grönlands. Der »Grönlandwal« hob am 26. Juli um 12.25 Uhr in Ivigtut ab. Um 22.45 Uhr GMT erreichte er Cartwright an der Küste von Labrador. Es herrschte dichter Bodennebel, so daß das Flugboot zwei Stunden über Cartwright kreuzen mußte, ehe es wassern konnte. Ohne Funkverbindung hätte das nicht geklappt. Damit hatte von Gronau und der Dornier-Wal den Nordatlantik zum dritten Mal überwunden. Schon um 18.50 Uhr Ostnormalzeit startete D-2053 von Cartwright in Richtung Montreal, das der Wal am 27. Juli um 20.06 Uhr nach 1600 km Flug erreichte. Die Leistung des Flugboots und seiner Besatzung wurde von Behörden und Fachleuten voll gewürdigt. Beim Weiterflug erfolgte eine Zwischenlandung auf dem St. Clair-See, wo die ganze Besatzung bei Henry Ford zu Gast weilte. Währenddessen wurden die BMW VII-Motoren kurz überholt. Am 2. August erreichte von Gronau Chicago, wo Boot und Besatzung noch vom Vorjahr in bester Erinnerung waren. Dementsprechend begeistert war die Begrüßung. Am 6. August ging es weiter nach Milwaukee, das damals noch die meisten deutschstämmigen Einwohner aller US-Staaten hatte. Natürlich gab es dort einen besonders herzlichen Empfang. Eine Parade mit Musikkapellen, Konfettiregen und allem, was der Amerikaner bei so einem Ereignis für notwendig hält, bildete den Rahmen. Erst am 11. August ging es weiter nach Winnipeg. Nun mußte die Crew das Gebiet der Großen Seen verlassen. Vor dem Dornier-Wal lagen über 2000 km Landstrecke mit nur wenig Wasserflächen, die Zwischenlandungen ermöglichten. Aber die Motoren brummten gleichmäßig und boten keinen Anlaß zur Sorge. Dann kam der schwierigste Abschnitt: Der

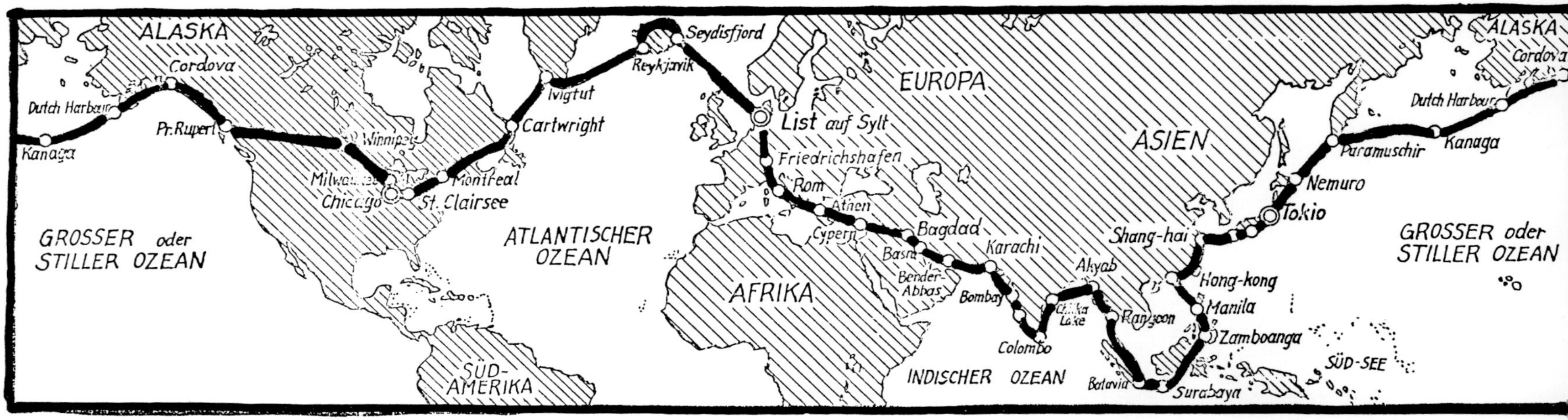

Weltflug Wolfgang von Gronaus 1932 mit Dornier-Wal, 2x700 PS-BMW-Motoren, Gesamtstrecke 40 000 km.

Übergang über die Rocky Mountains. Wieder ging es hinauf bis über 3000 m, aber das Flugboot schaffte es. Endlich konnte der brave »Grönlandwal« am Pazifik bei Prince Rupert wassern. Am 23. August flog er weiter nach Westen. Das nächste Ziel hieß Cordoba an der Küste Alaskas. Dieses Gebiet war an sich wegen seiner kritischen Wetterlagen berüchtigt, aber es ging alles glatt. Am 26. August startete der »Grönlandwal« Richtung Dutch Harbour an der Westspitze Alaskas und kam dort nach rund 1500 km Flug um 20.30 Pazifikzeit an. Dann verließ er den amerikanischen Kontinent und erreichte am letzten Augusttag Kanaga Harbour auf der Andreanowski-Insel. Zwei Tage später startete D-2053 von Kanaga über die Beringstraße und erreichte morgens gegen 4.00 Uhr die Kakumabetsu-Bay bei der Insel Paramushiro, der nördlichsten Kurileninsel, die damals noch in japanischem Besitz war. Am 3. September 1932, morgens 4.55 Tokio-Zeit, ging es weiter über eine Strecke von etwa 1400 km nach Namuro auf der Insel Hokkaido, der nördlichsten der großen japanischen Inseln, wo das Flugzeug um 10.52 Tokio-Zeit eintraf. Auch diese – nicht gerade risikofreie – Strecke wurde ohne jede Störung bewältigt. Am Sonntag, dem 4. September, vormittags gegen 11.00 Uhr, wasserte der »Grönlandwal« sicher in Tokio. Vertreter des japanischen Kaiserhauses, der japanischen Armee und Marine, der Bürgermeister von Tokio und eine riesige Menschenmenge war zur Begrüßung erschienen. Sie bereiteten dem Boot und seiner Besatzung einen festlichen Empfang.

Am 16. September erreichte D-2053 Nagoya. Trotz glatter Landung erlitt der linke Flügel des Flugbootes beim nächsten Start zum Weiterflug im Hafen eine Beschädigung, die aber dank der robusten Metallkonstruktion noch glimpflich ablief. Die Besatzung konnte den Schaden mit Bordmitteln beheben, so daß der Flug nach Kagoshima, der südlichsten der großen japanischen Inseln, am 22. September fortgesetzt werden konnte. Sie landeten noch am gleichen Tage auf dem Whangpoo bei Shanghai. Trotz des herzlichen Empfangs und der besonderen Liebenswürdigkeit der Gastgeber hatte Gronau es jetzt eilig. Er und die Besatzung drängten nach Hause. Am 25. September flogen sie nach Hongkong und nahmen Post für Hongkong und Manila mit. Am 25. September erfolgte die Ankunft in Hongkong um 3.30 Uhr. Von hier

Die Besatzung des Wals D-2053: von links Funker Albrecht, Ingenieur Roth, von Gronau, von Hack.

ging es durch das gefürchtete Taifungebiet nach Manila, das nach 6½ Stunden Flug erreicht wurde. Die sachkundige Bewältigung dieser schwierigen Strecke löste in Manila Begeisterung aus. Von Gronau wurde zum Ehrenbürger der Stadt ernannt. Am letzten Septembertag um 8.00 morgens ging es weiter nach Zamboanga auf Mindanao und durch das Gewirr der Inseln des malaiischen Archipels nach Batavia, wo der »Grönlandwal« am 6. Oktober 1932 eintraf. In diesem Gebiet traf man auf einige der hier stationierten holländischen Wale. Von Batavia aus konnte von Gronau zum ersten Mal ein Funk-Ferngespräch mit der Heimat führen. Am 8. Oktober erfolgte der Start zum Weiterflug in Batavia. Nach einer Zwischenlandung in Port Swettenham sollte der Flug nun nach Akyab an der Küste von Ober-Burma weitergehen. Beim Abflug sah noch alles recht friedlich aus, aber bald schlug das Wetter um, der Wind frischte stark auf und die See bekam weiße Köpfe. Der Wal hatte schwer mit dem Sturm zu kämpfen. 250 km von der Küste Burmas entfernt, im Bereich des Merguischen Archipels, entstand ein Defekt an der Kühlwasserpumpe. Durch den Ausfall eines Motors mußte Gronau mit der schwer belasteten Maschine aus seiner niedrigen Flughöhe eine Notwasserung in schwerster See versuchen. Die Maschine war mit nur einem Motor in der feuchten Tropenluft nicht zu halten. Der Wal mußte zur Notwasserung in den Wind gedreht werden. Franzl Hack versuchte, dem kranken Motor zu helfen, wobei er sich die Schienbeine abschürfte, aber es war vergeblich. Funker Albrecht konnte noch über die Kurzwellen-Schleppantenne den »Pan-Pan-Ruf« nach Manila durchbringen, während von Gronau unter Aufbietung aller seiner Energiereserven das Boot noch so lange in der Luft hielt, bis die härtesten drei Wellen unter ihm abgelaufen waren. Er setzte das Boot auf, er und sein Co-Pilot sahen die nächste haushohe Woge auf sich zukommen, dann schlug diese über dem Boot zusammen. Ein harter Stoß erschütterte das Boot, aber es hielt! Sie waren zwar über das Schlimmste hinweg, aber die Situation war mehr als ernst: Sie trieben 250 km vor der Küste Burmas. Von Land war keine Hilfe zu erwarten. Und Schiffe arbeiteten nur mit Langwellengeräten. Sie mußten also den Antennenmast aufrichten und mit den Flügelenden verspannen. Und das bei hochgehender See. Endlich stand die Antenne und Albrecht konnte versuchen, Hilfe heranzuholen. Der Dampfer »Caragola« hörte den Hilferuf und nahm Kurs auf den »Grönlandwal«. Die Schlepptau-Übernahme klappte, drei Mann der Besatzung stiegen auf den Dampfer um, einer blieb am Steuer. Jetzt zeigte der Wal, wie stabil er gebaut war: Er überstand über 200 km Schleppfahrt mit »Volldampf voraus«! Am 11. Oktober um Mitternacht traf die »Caragola« mit dem Wal im Schlepp in Rangun ein. Von Gronau ankerte vor der Hafeneinfahrt, um sich am Morgen von einem Schlepper in den Hafen bringen zu lassen. 70 Stunden härtester Arbeit ohne Schlaf lagen hinter ihnen. Jetzt konnten sie sich erst einmal ausschlafen. Der Kapitän der »Caragola« verzichtete großzügigerweise auf jede Entschädigung für seine Hilfeleistung, die ihn immerhin 2½ Stunden wertvoller Zeit gekostet hatte. Die Beschaffung der notwendigen Ersatzteile machte keine Schwierigkeiten, so daß der »Grönlandwal« am 17. Oktober nach Akyab weiterfliegen konnte. Von Akyab flogen sie nach Chilca weiter und waren dort Gäste des Radschah von Collecot. Dann ging es weiter nach Cocanada an der vorderindischen Küste. Der Weiterflug nach Colombo auf Ceylon erfolgte am 20. Oktober. Am 26. Oktober traf D-2053 in Bombay ein, wo ein Ruhetag eingelegt werden mußte, da der Co-Pilot von Roth an Fieber erkrankte. Ein ansässiger deutscher Arzt brachte ihn jedoch schnell wieder auf die Beine. Am 27. Oktober traf der Wal in Karachi ein, von wo nun ein direkter Kurzwellen-Funkverkehr nach Deutschland möglich war. Dann ging es weiter nach Bender Abbas am Osteingang des Persischen Golfs, wo nur eine kurze Zwischenlandung gemacht wurde. Um 5.43 Uhr erfolgte der Weiterflug in Richtung Basrah, wo noch einmal nachgetankt wurde, so daß

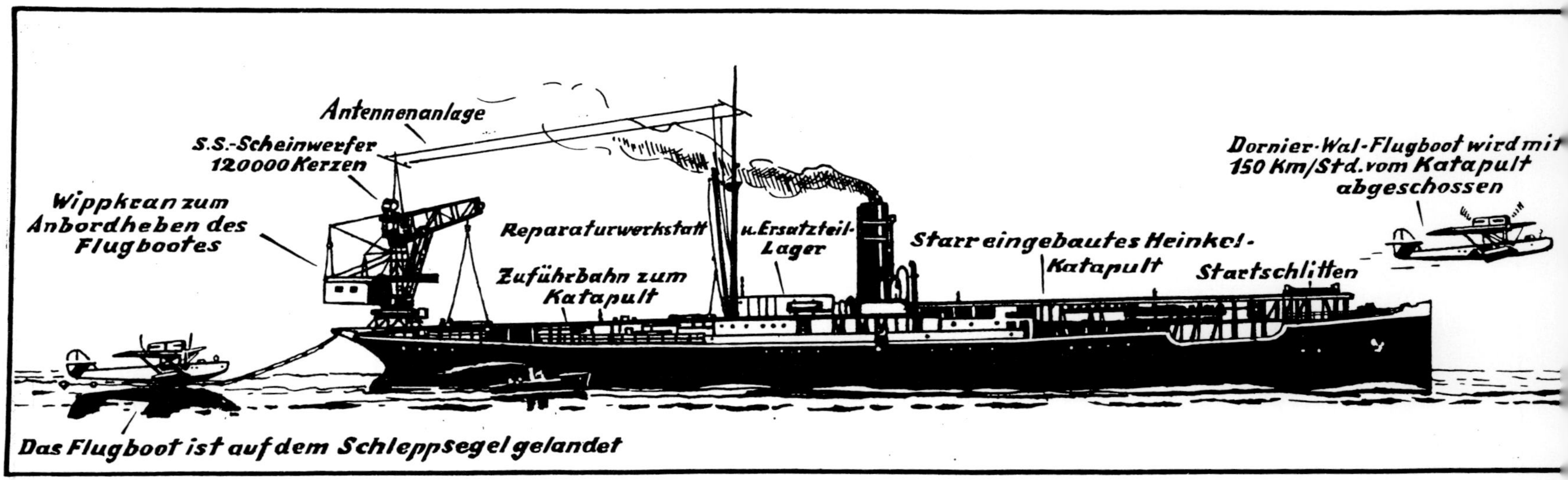

Am 3. Februar 1934 eröffnete die Lufthansa den planmäßigen Luftpostdienst nach Südamerika. Die Zeichnung verdeutlicht die Funktion des Katapultschiffes »Westfalen« als schwimmendem Stützpunkt im Südatlantik.

D-2068 »Passat«, Werknr. 185, nach dem ersten Umbau mit vorn liegendem Führersitz.

der »Grönlandwal« am 1. November 1932 in Limassol auf Zypern eintreffen konnte. Jetzt befand man sich in bekanntem Gelände. Nach einem Flug von fast 1000 km wasserte das Flugboot am 2. November in der Bucht von Neu-Phaleron bei Athen. Am 4. November ging es weiter nach Rom, das am 4. November um 4.00 Uhr nachmittags erreicht wurde. Nach der begeisterten Begrüßung flog von Gronau am 7. November nach Genua weiter. Hier war das Wetter so schlecht, daß an einen Alpen-Überflug nicht zu denken war. Erst zwei Tage später wurden die Alpengipfel frei, so daß von Gronau sofort nach Hause starten wollte. Da erreichte ihn der Funkruf, daß der feierliche Empfang in der Heimat erst für den 10. November festgesetzt war. Aber die Wettersituation mußte ausgenutzt werden, also starteten sie heimlich, still und leise und machten eine Zwischenlandung in Altenrhein am Bodensee. Am nächsten Tag wasserten sie in Friedrichshafen, wo sie die Bevölkerung natürlich begeistert empfing. Am 23. November trafen sie schließlich im Heimathafen List auf Sylt ein. Sie waren vier Monate unterwegs gewesen und hatten beim ersten Weltrundflug eines Flugbootes eine Gesamtstrecke von 44300 km zurückgelegt.

Im gleichen Jahr 1932 wurde der alte Wal D-1422 in den verdienten Ruhestand versetzt. Hier demonstrierte Chefpilot Richard Wagner noch einmal, was selbst so ein alter Kämpe noch leisten konnte: D-1422 sollte im Deutschen Museum im Freigelände einen würdigen Platz finden. Wagner flog D-1422 von List auf Sylt und machte mit dem alten Wal eine Schneelandung auf dem Flugplatz München-Oberwiesenfeld. Das Ende für diesen Wal kam erst 1944, als D-1422 bei einem Bombenangriff total zerstört wurde.

Apropos Krieg: Anfang der 30er Jahre wurde der an die kolumbianische Luftverkehrsgesellschaft »SCADTA« gelieferte Wal C-28 »Colombia« im Konflikt zwischen Columbien und Peru vom Verkehrsflugzeug zum Aufklärer und Bomber umfunktioniert und noch bis 1933 militärisch eingesetzt.

1932 erfolgte eine wichtige Entscheidung: Die Lufthansa, das Syndicato Condor und der Norddeutsche Lloyd erarbeiteten gemeinsam den Plan für einen Luftpostdienst nach Südamerika. Ein Stütz-

D-2068 »Passat« nach weiterem Umbau katapultfähig 1933.

punktschiff in der Mitte des Ozean sollte dabei als »Raststätte« dienen. Bevor man jedoch daran denken konnte, ein Schiff zu beschaffen, mußten sämtliche benötigten Einrichtungen wenigstens in ihren Ausmaßen und ihrer Anordnung festgelegt werden. Flugkapitän von Buddenbrock, der mit der Durchführung des Projekts beauftragt wurde, sagte 1965 im Rückblick: *»Ich habe mich später wiederholt gefragt, ob ich noch einmal die Verantwortung für einen solchen Vorschlag übernehmen würde, und habe mir selbst die Frage nie restlos mit »Ja« beantwortet... Die Übernahme des Flugzeuges auf See konnte nicht wie andere Ladungen bei den Handelsschiffen über die Seite, sondern mußte am Heck erfolgen, um Beschädigungen des Flugzeuges bei bewegtem Schiff zu vermeiden... Zur endgültigen Klärung wurde die Frage gebracht anhand von Modellversuchen in relativ großem Maßstab, für die verschiedene Schiffsformen mit den unterschiedlichen Einrichtung angefertigt worden waren... Auf jeden Fall erwies sich schließlich ein Kran als die einzig mögliche Lösung. Seine Ausführungsform mußte von der Art des Katapulteinbaus abhängig gemacht werden, der sowohl auf dem Vorschiff wie auf dem Heck denkbar war.... Nachdem das Problem soweit eingekreist war, daß die Anordnung: Kran hinten, Katapult vorn, beschlossen werden konnte, blieb die Frage zu lösen, auf welche Weise das Flugzeug von einem Punkt zum anderen befördert werden sollte«.*
Der Norddeutsche Lloyd konnte als geeignetes Schiff den Dampfer »Westfalen« anbieten. Der Bau des Katapultes und der Umbau der Flugboote waren Aufgaben, welche die Luftfahrtindustrie in eigener Verantwortung übernahm. Die »Westfalen« wurde zunächst gechartert und für den vorgesehe-

nen Zweck umgebaut. Das Problem der Übernahme der Flugboote auf das Schiff wurde mit Hilfe des sogenannten Schleppsegels gemeistert. Es arbeitete wie folgt: Das Schiff fuhr bei der Landung des Flugzeugs mit dem Segel im Schlepp bei einer Geschwindigkeit von zirka 5 bis 6 Seemeilen gegen den Wind. Bei bestimmten Seegang-Verhältnissen machte das Schiff für das Flugzeug »Lee«, was auch mit dem Segel im Schlepp ohne weiteres möglich war. Behinderte der Seegang die Anfahrt des Flugzeugs, mußte das Schiff die Fahrt entsprechend herabsetzen. Versuche mit dem Schleppsegel in heimischen Gewässern zeigten, daß die Sache dort jedenfalls funktionierte. Wie es auf dem Atlantik sein würde, mußte die Zukunft zeigen.

Zuerst sollten die Wale D-2068 »Passat« (Werknr. 185) und D-2069 »Monsun« (Werknr. 210) eingesetzt werden.

Die Flugboote wurden mehrmals umgebaut, ehe sie dem gewünschten Zweck entsprachen. Der ursprünglich kurz vor dem Motorenträger liegende, offene Führersitz wurde weiter nach vorn verlegt und davor noch ein Beobachtersitz geschaffen. Dreiflüglige Metallpropeller ersetzten die Vierblatt-Holzpropeller und der Bug erhielt eine Peilantenne. In der Endform besaß der Führersitz eine geschlossene Kabine. D-2068 wurde dann noch zum 10-t-Wal mit der Kennzeichnung D-ALOX umgebaut. Die ersten Flüge beider Boote erfolgten noch als 8,5-t-Wale.

D-2069 »Monsun«, Werknr. 210, nach Umbau mit vorn liegendem, geschlossenen Führersitz.

D-2069

Verkehrsflieger-Schulen und Segelflugzeug-Erpobungsstellen

D-2069 »Monsun« am 6. Juni 1933 während der ersten Zwischenlandung auf dem Flugstützpunkt »Westfalen«.

Nach der Machtübernahme durch die Koalition der Nationalsozialisten und der »Deutschnationalen Volkspartei« am 30. Januar 1933 wurde der ehemalige Jagdflieger Hermann Göring zum Reichskommissar für Luftfahrt berufen. Göring setzte sich das Ziel, eine schlagkräftige Luftwaffe aufzubauen. Zunächst blieb jedoch alles beim alten. Der Flughafen List auf Sylt hieß jetzt »Deutsche Verkehrsflieger-Schule, Zweigstelle List«; Travemünde hieß »Seeflugzeug-Erprobungsstelle Travemünde«. Aber schon im Mai 1933 erhielt Dornier einen Auftrag für sechs Wale der neuen Version J II d Bis. Diese »8-t-Militär-Wale 33« wurden zuerst noch ohne Bewaffnung und mit Zivil-Kennzeichen geliefert. Hier eine Liste der einzelnen Militär-Wale:

Werknummer 247 D-3018 für Erprobungsstelle Travemünde
Werknummer 248 D-3019 für Erprobungsstelle Travemünde
Werknummer 249 D-3020 für DVS. List
Werknummer 250 D-3021 für DVS. List
Werknummer 251 D-3022 für DVS. List
Werknummer 252 D-3023 für DVS. List

Nach der Umstellung der Zivilkennzeichen von Zahlen auf Buchstaben wurden daraus: D-ABAU, D-ABER, D-ATEZ, D-ABAS, D-ADEN und D-AFIS. Es sollte aber nicht die letzte Änderung der Kennzeichen sein. Diese erfolgte 1935 nach der Verkündung der Wehrhoheit.

Die Organisation der 1935 enttarnten Luftwaffe war

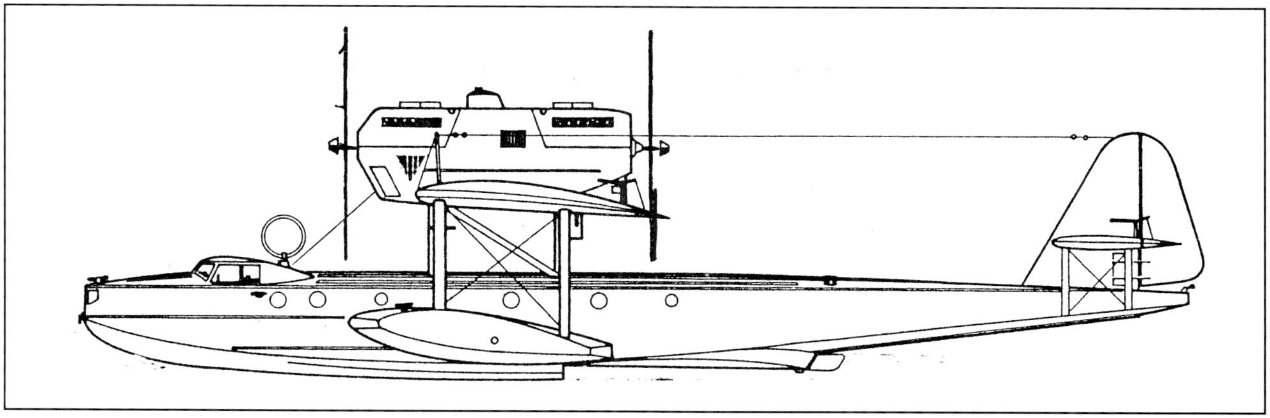

Dornier 10-t-Wal D-AGAT »Boreas«

D-2488, später D-AGAF, wurde bei der Deutschen Verkehrsflieger-Schule DVS wiederholt entsprechend den Erfordernissen einer geplanten Militärausführung geändert (Führerraum, Leitwerk).

D-ABAU, Werknr. 247, Type J IId bis ging an die Erprobungsstelle Travemünde. Dieser Wal diente als Muster für den »Militär-Wal 33«.

erst im Aufbau begriffen und war auch 1935 noch nicht abgeschlossen.
Unberührt davon blieb die Arbeit an der Vorbereitung des Luftpostdienstes nach Südamerika. Am 1. Mai 1933 verließ die bei »Weserflug« in Bremerhaven umgebaute »Westfalen« bei strahlendem Wetter die Brunsbütteler Schleuse, wo sie ihren Vorrat an Flugbenzin aufgenommen hatte. Dieser neue, als Flugstützpunkt im Atlantik vorgesehene Dampfer trat die erste Reise in den Südatlantik an. Ein festes Programm gab es nicht, es sollte nur festgestellt werden, ob die Voraussetzungen, auf denen die Pläne beruhten, der harten Wirklichkeit standhielten. Die beiden Flugboote »Passat« und »Monsun« sollten von den Flugkapitänen Blankenburg und von Studnitz gesteuert werden, die schon die Katapultflüge mit He 12 von »Bremen« und »Europa« durchgeführt hatten. Während die »Westfalen« schon auf der Ausreise war, machten beide Flugboote mit ihren Besatzungen noch weitere Erprobungen, um sich dann mit dem Schiff in Cadiz zu treffen. Der Start der Boote war so angelegt, daß sie die »Westfalen« in der Biscaya treffen sollten. Damit sollte das Verfahren, ein Schiff auf hoher See anzusteuern, praktisch erprobt werden. Buddenbrock, der selbst mitflog, berichtete über die weiteren Ereignisse: *»Stürmischer Wind und niedrige Wolken machten das Fliegen selbst über See wegen der hohen Böigkeit wenig angenehm. Die Sicht war nur gering, und trotzdem hatten wir die Genugtuung, unser Schiff, wie vorgesehen, genau voraus auf kurze Entfernung zu sichten... Dann nahmen die Boote Kurs auf La Coruna und gaben der »Westfalen« durch eine Zwischenlandung Gelegenheit, wieder etwas Vorsprung zu gewinnen. Nachdem endlich alles in Cadiz versammelt war, wurden die Flugzeuge übernommen, um die weitere Reise nach Bathurst an Bord mitzumachen als Vorprobe dafür, wie sie sich auf dem schlingernden Schiff benehmen würden... Als wir in Bathurst einliefen, war unsere Zuversicht gefestigt... Nach ungefähr einer Woche ging es dann*

Auch D-3021, Werknr. 250, ging nach Travemünde und erhielt dort den neuen Code D-ABAS. Hier flogen die Boote zunächst noch ohne Bewaffnung.

endgültig in See und auf die Suche nach den Bereichen des Südatlantik, von denen wir in unseren Gedanken bereits technisch Besitz ergriffen hatten. Nach mehreren Tagen Schlechtwetter kam dann der erste Katapultabschuß… Als ich nach dem Abschuß die Maschine hoch am Himmel des Südatlantik fern von allen Küsten ihre Kreise ziehen sah, angewiesen nur auf das kleine schwimmende Etwas, auf dem wir standen, da war mir zumute wie den alten Griechen, nach dem sie ihre Schiffe verbrannt hatten… Als die Aufforderung zur Landung an das Flugzeug gegeben wurde, stand allen an Bord die Spannung auf dem Gesicht geschrieben… In unserem Kielwasser zog das Schleppsegel eine glatte Straße durch die holprige See… Nun kam das Flugzeug aus der Sonne angeschwebt, ein einsames geflügeltes Wesen. Und doch sah alles so selbstverständlich aus, ganz wie zu Hause. Das Abfangen mit tiefem Schwanz entsprach der besten Tradition.« Dreimal mußte das Flugboot die Wellen schneiden, dann meldete das Boot die ordnungsgemäße Landung. Die erste »freiwillige« Seelandung im Südatlantik war gelungen.

Der 10-t-Wal J IIf Bas »Boreas« D-AGAT, Werknr. 298, auf dem Katapult des Flugstützpunktes »Schwabenland«.

Original-Werbeinserat der von Dornier in Italien gegründeten Firma zum Nachbau der ersten Dornier-Wale.

Farbskizze des »Grönland-Wals« D-2053, mit dem Wolfgang von Gronau die Welt umflog.

Farbiges Werbeplakat der Deutschen Lufthansa für den Seebäderdienst. Motiv: Dornier-Wal.

Francos M-MWAL »Plus Ultra« steht im Museum in Lujan in Argentinien. Die Aufnahme stammt aus dem Jahre 1984.

Diese Nahaufnahme zeigt, wie sorgfältig die Argentinier diesen Wal pflegen und zu erhalten versuchen.

Das einzige noch existierende Exemplar eines Original-Wals ist Francos M-MWAL, den die spanische Regierung Argentinien schenkte.

Spanien hält die Tradition seiner Wale heute noch hoch. Da keiner der Wale überlebte, wurde der Franco-Wal M-MWAL nachgebaut – wie man sieht in vorbildlicher Form.

Dieser Wal-Nachbau steht seit 1991 im Museo del Aire in Sabadell in Spanien. In Deutschland steht keiner.

»Boreas« auf dem Katapult von »Schwabenland«. Blick von oben.

Die Versuche mit der »Westfalen« und den beiden Walen wurden von Mai bis Juli 1933 fortgesetzt und brachten den gewünschten Erfolg. Ende 1933 wurde eine zweite Versuchsreihe als Vorbereitung für einen regelmäßigen Luftpost-Dienst durchgeführt.

Der für viele unerwartete Erfolg der ersten »Westfalen«-Expedition in den Südatlantik hatte überraschende Folgen. Da alles gut gegangen war, erwartete man in der Heimat, daß es immer gut gehen würde. Die Männer, die allerdings die Unternehmung mitgemacht hatten, konnten sich nur schwer mit dem Gedanken anfreunden, sofort einen regelmäßigen Verkehr aufzunehmen. Vor der zweiten Versuchsserie mußten erst einige Verbesserungen am Schiff und der ganzen Anlage vorgenommen werden. Diese zweite Versuchsserie verlief dann so gut, daß man der Postverwaltung mitteilen konnte, man sei bereit, die Post regelmäßig und sicher nach Südamerika auf dem Luftweg zu befördern. Von Buddenbrock schrieb dazu: *»Wenn ich erwartet hatte, daß sich nun noch längere Zeit offizieller Verhandlungen und des Schriftwechsels anschließen würde, so irrte ich mich. Man nahm uns sofort beim Wort, und am 4. Februar 1934 startete das erste Flugzeug von Deutschland mit der südamerikanischen Post.«*

Ein zweites Stützpunktschiff wurde bestellt. Es war das Motorschiff »Schwarzenfels« der Deutschen Dampfschiffahrtsgesellschaft »Hansa«, das nun bei »Weserflug« nach letzten Erkenntnissen umgebaut wurde. Während dieser Umbau noch im Gange war, arbeitete man bei Dornier speziell für diesen Zweck an einem neuen, noch leistungsfähigeren Wal, dem 10-t-Wal. Dieses Flugboot sollte bei einem Katapultstart von einer Seite des Südatlantiks zur anderen ohne Zwischenlandung durchfliegen können. Es wurden vier 10-t-Wale gebaut: D-AFAR »Samum« (W. Nr. 297), D-AGAT »Boreas« (W. Nr. 298), D-ADIS »Tornado« (W. Nr. 229) und D-AKYM »Mistral« (W. Nr. 676). Dazu kamen die zu 10-t-Wale umgebauten 8-t-Wale D-2399/D-AKER »Taifun« (W. Nr. 237) und D-2068/D-ALOX »Passat« (W. Nr. 185/300).

Der 10-t-Wal J IIf Bas »Taifun« D-2399 wurde zu D-AKER, Werknr. 237. Hier sind die zusätzlichen Abfangstreben besonders gut zu erkennen.

Auch D-2068 »Passat« wurde zum 10-t-Wal umgebaut und trug nun das Kennzeichen D-ALOX.

Luftwaffe und Sonderdienst Südamerika

Im Februar 1934 begann der Luftpostdienst nach Südamerika; zunächst in einem 14tägigen Rhytmus. Im Reichs-Luftkursbuch, Ausgabe 28, Sommer 1934, gültig für die Zeit vom 1. Mai bis 31. August 1934, wurde auf den Seiten 98 bis 106 zum ersten Mal die »Trans-Ozean-Strecke TO 191« mit allen Daten und Informationen angeboten. Darin hieß es: *»Deutsche Lufthansa im Gemeinschaftsdienst mit Luftschiffbau Zeppelin und Syndicato Condor Ltda. Durchgehender Flugdienst in 4-5 Tagen nach Brasilien, Uruguay, Argentinien. Unmittelbare Anschlüsse nach: Paraguay, Bolivien, Chile. Für den durchgehenden Flugzeugdienst ist nur Briefpost zugelassen«.* Der Flugplan für den Passagierdienst (Luftschiff mit Flugzeuganschluß) gab genaue Daten für die Strecke von Berlin bis Buenos Aires, Santiago, Arica, La Paz und Asuncion. Eine Gemischtreise mit Luftschiff und Flugzeug von Berlin über Friedrichshafen nach Rio de Janeiro kostete 1580 Reichsmark, in der Hochsaison (1. September bis 31. Dezember und 15. Mai bis 30. Juni 1934) kam ein Zuschlag von 150 Reichsmark dazu. Dieser Flugtarif schneidet im Vergleich mit dem heutigen Tarif nicht schlecht ab! Nachdem die »Schwabenland« in Dienst gestellt worden war und die neuen 10-t-Wale zur Verfügung standen, war die Lufthansa nicht mehr auf das System der bisherigen Zwischenlandungen auf See angewiesen. Im Herbst 1934 richtete sie den wöchentlichen Dienst ein, wobei ein Schiff im Hafen von Bathurst, das andere auf der Reede von Fernando Noronha lag. Die Laufzeit der Post von Deutschland nach Rio de Janeiro betrug damals 5½ Tage. Vergleicht man dies mit den heutigen Laufzeiten und den zur Verfügung stehenden Flugzeugen, dann schneidet der moderne Luftpostdienst nicht gerade günstig ab. Erst wenn man alle diese Tatsachen berücksichtigt, läßt sich ermessen, welche Pionierarbeit die Dornier-Wale und ihre Besatzungen damals leisteten.

In Spanien begann die CASA mit dem Bau einer Serie von drei Do J II für den Passagierverkehr. Den Bau sollte das Werk Puntales bei Cadiz übernehmen. Als Triebwerk waren zwei Napier »Lion«-Motoren von je 400 PS vorgesehen. Als Besteller trat eine neue Luftverkehrsgesellschaft »Compania Aérea del Mediterraneo« auf, die erst 1933 gegründet worden war. Mangels ausreichender Fachkenntnisse kam es nicht zu einem geordneten Liniendienst, und der 1934 gelieferte CASA-Wal EC-AAZ blieb vorläufig (bis 1935) bei CASA stehen.

Beim Militärischen Luftfahrt-Dienst (MDL) in Niederländisch-Indien bewährten sich die Wale ausgezeichnet. Die Niederländer fassten sie in Gruppen zusammen und bezeichneten sie deshalb als »Seefähige Gruppen-Flugzeuge« (GVT). Sie konnten in der Inselwelt Südostasiens selbständig operieren. Dementsprechend war auch die Ausbildung. Die Besatzungen mußten alle mit dem Flugdienst zusammenhängenden Arbeiten und Reparaturen selbst ausführen können. So mußte der Wal D-30 während der Manöver in der Flores-See vom 23. Juli bis 10. August 1934 wegen Beschädigung des Rumpfbodens an den Strand von Tanah Djampea gezogen werden. Die Besatzung mußte das Flugbenzin von Hand aus den Tanks pumpen, bevor sie sich an die Reparatur des Bootsrumpfes machen konnte. Da der MLD überall auf den Inseln Stützpunkte einrichtete, war der Nachschub an Ersatzteilen und Treibstoff immer gesichert.

Auch die spanische Luftwaffe betrieb eine intensive Ausbildung. So konnte Ramon Franco 1934 eine Formation von 13 Walen im exakten Formationsflug rund um Spanien von Los Alcazares nach Melilla führen.

Und was tat sich in Deutschland? Nach außen hin nichts! Hermann Göring befahl strengste Geheimhaltung über die Aufbauarbeit an der geplanten Luftwaffe. Als Tarnung dienten DVS, Severa, Luftsport-Verband und andere Decknamen. Der Ausbildungsbetrieb wurde intensiviert. Als erste Kader für die neue Luftwaffe dienten die Seeflieger-Übungsstaffel und der »Luftdienst Severa«. Als erster Verband wurde in Kiel-Holtenau die Staffel 1/136 aufgestellt. Es folgten — ebenfalls in Kiel-Holtenau — die Mehrzweckstaffel 1/286 und schließlich die Aufklärungsstaffel 1/116. Alle unterstanden dem Seeflieger-Geschwader 116 in Holtenau. Die Severa wurde nur noch als Schleppstaffel geführt. Der Gesamtbestand an Militär-Walen betrug am 1. März 1934 ganze vier Stück.

Am 1. Juli 1934 wurde dann ein umfassendes Rüstungsprogramm für die neuen Luftstreitkräfte herausgegeben. Darin wurde der 8-t-Militär-Wal

Das Motorschiff »Schwabenland« war der zweite schwimmende Flugstützpunkt der Lufthansa.

Die bei Aviolanda in Holland gebauten Militär-Wale standen noch bei den Kämpfen im Pazifik ihren Mann. D-21 wies die Aviolanda-Werknr. 16 auf.

erstmals als Do 15 bezeichnet. Dieses Programm forderte zunächst 21 Do 15, später weitere 16 Maschinen an. Bis 31. Dezember 1934 waren die Werknummern 546 bis 556 ausgeliefert.

Die Seeflugzeug-Versuchsstelle Travemünde beschäftigte sich intensiv mit der Waffenerprobung. Für den Militär-Wal Do 15 war vorerst eine Bewaffnung von drei MG 15 im Kaliber 7,92 mm vorgesehen. Ein Maschinengewehr saß im Rumpfbug; zwei auf dem Rumpfrücken hinter der Tragfläche auf Drehkranz D30 montiert. Es fanden aber bereits Versuche mit der verbesserten 2-cm-Becker-Kanone und der 2-cm-LB-201 statt, die auf Drehkranzlafette DL-331 montiert wurden. Als Versuchsobjekt diente unter anderem der Superwal D-1500 Werknr. 172 mit dem Beinamen »Blauwal« an der Bootseitenwand, der bei der Lufthansa als »Eckener« geführt wurde. Bei einem Zusammenstoß mit einem anderen Wal wurden beide Boote erheblich beschädigt, konnten jedoch repariert werden. Bei diesen Versuchen wurde auch – im Rahmen der Seeprüfung des 10-t-Wals der Lufthansa – das Verhalten der Wale bei Schleppvorgängen getestet. Es stellte sich heraus, daß sich mit den am Bug vorgesehenen Schleppschäkeln keine höheren Schleppgeschwindigkeiten durchhalten ließen. Der horizontal oder nach unten gerichtete Zug der Schlepptrosse führte zu hohen Beanspruchungen und einer unruhigen Lage des geschleppten Flugbootes. Ein speziell geschaffenes Schleppgeschirr ermöglichte das Schleppen des 10-t-Wals auch bei einer Schleppgeschwindigkeit von 20-25 km/h. Nach umfangreichen Versuchen gelangte man zu dem Ergebnis, daß ein Schleppen von Booten des Waltyps bei hoher Schleppgeschwindigkeit (etwa 15 sm/h) möglich war. Zu diesem Zeitpunkt arbeitete man bei Dornier bereits an der Entwicklung eines Nachfolgetyps für den Wal, wobei man sich durch Einbau von Schweröl-Dieselmotoren eine erhebliche Vergrößerung der Reichweite versprach. Man rechnete mit einer Verdoppelung der Reichweite vom 10-t-Wal (2000 km) zur Do 18 F auf 4000 km. Die Erprobung der Do 18 konnte die ersten Aufschlüsse geben, ob die Erwartungen berechtigt waren. Der Erstflug der Do 18 V 1 sollte 1935 erfolgen.

Aviolanda-Wal D-30, Werknr. 25, in Niederländisch-Indien.

Aviolanda-Wal D-29, Werknr. 24, war laufend in Niederländisch-Indien im Einsatz.

Am Militär-Wal wurden auch verschiedene Bordwaffen erprobt. Hier ein Wal an Bord des Bergungsschiffes »Phönix« mit Drehkranzlafette DL-331 und 2-cm-Kanone LB 201.

Militär-Wal Do J IId, D-AKEK, Werknr. 553, kam zur Küstenflieger-Gruppe 106 der Luftwaffe.

Nach Einführung des Flugbootes Do 18 wanderten die Wal-Flugboote zu den Seeflieger-Schulen.

Enttarnung

Wal-Produktion läuft aus

Der Luftpost-Dienst über den Südatlantik lief ohne größere Schwierigkeiten, so daß das Syndicato Condor die Strecke von Buenos Aires nach Santiago de Chile ab Oktober 1934 verlängern konnte. Anfang 1935 betrug die Postlaufzeit für Luftpostbriefe nach Südamerika ganze viereinhalb Tage. Ein drittes Katapultschiff wurde in Auftrag gegeben. Man begann mit den ersten Besprechungen über eine ähnliche Strecke über den Nordatlantik.

In Spanien wurden die geplanten restlichen zwei Wale bei CASA nun doch noch gebaut. Sie wurden mit den Kennzeichen EC-YYX und EC-YYY zugelassen. Alle drei stellte die Luftverkehrsgesellschaft »Lineas Aereas Postales Espanolas« (L.A.P.E.) in Dienst. Sie flogen ab Sommer 1935 auf der Strecke Barcelona – Palma de Mallorca.

Aber schon deuteten sich die ersten Anzeichen eines bewaffneten Konflikts in Spanien an, die 1936 zum Bürgerkrieg führen sollten.

Auch in der Sowjetunion erfüllten die Wale ihre Pflicht. Alle waren inzwischen auf M-17-Motoren umgerüstet worden; dem Lizenzbau des deutschen BMWVI. Drei Wale — die Werknr. 220, 221, 222 – waren noch 1933 nach Columbien geliefert und dort als Nr. 601, 602 und 603 in Dienst gestellt worden. Nr. 603 war bereits am 25. November 1934 zu Bruch gegangen.

Aviolanda hatte die letzten sechs Wale D-41 bis D-46 Ende 1932 ausgeliefert. Bis 1935 verunglückten D-10, D-22 und D-26; vier weitere Wale waren wegen Überalterung abgeschrieben worden.

In Deutschland erfolgte am 26. Februar 1935 der Erlaß über die Aufstellung der Reichsluftwaffe. Einen Tag zuvor hatte Reichswehrminister von Blomberg Reichsmarschall Göring die Ermächtigung erteilt, *»die Enttarnung der Luftwaffe in einem von ihm zu bestimmenden Tempo und Umfang durchzuführen«.* Am 1. April 1935 wurde im Rahmen der vorläufigen Organisation der Luftwaffe die »Inspektion der Seeflieger« (L In 8) eingerichtet, die dem Befehlshaber im Luftkreis IV (See) unterstand. Der Aufstellungsplan vom 29. August 1935 sah (in diesem Verband) die Aufstellung von vier Küsten-Flieger-Gruppen mit drei See-Fernaufklärer-Staffeln vor. Als Erstausstattung sollten die bereits vorhandenen 46 Do 15 (8-t-Militär-Wal) dienen. Am 1. Juli wurden die Küsten-Flieger-Gruppen (KüFlGr) 106 und 206 in List auf Sylt sowie in Norderney aufgestellt. Das erste »Wehrmachts-Planspiel« von 1935 plante für das Jahr 1936 260 Seeflugzeuge. Die Fertigung des Dornier-Wal wurde in Friedrichshafen eingestellt.

Im Flugzeugbau-Programm vom Oktober 1936 war der Wal nicht mehr enthalten. Die vorhandenen Militär-Wale erhielten nun neue Kennzeichen: Das »D« mit vier Buchstaben ersetzte eine Kombination aus vier Zahlen und einem Buchstaben. Vor dem Balkenkreuz stand die 60; dann ein Buchstabe, der das betreffende Flugzeug in der Staffel kennzeich-

Um 1933 lieferte C. A. S. A. einen weiteren Passagier-Wal EC-YYY an die spanische Luftverkehrsgesellschaft L. A. P. E.

Die in der UdSSR gebauten Militär-Wale bewährten sich insbesondere in der Arktis.

nete; dann folgte die 12. Die letzte Zahl bezeichnete die Staffel der Gruppe. Beispielsweise kennzeichnete die Formel 60+H12 das Flugboot H der 2. Staffel der KüFlGr. 106, wobei die 6 den Luftkreis bezeichnete. Die Boote besaßen keinen Tarnanstrich, sondern waren »blank« Aluminium gestrichen. Nachdem im Laufe des folgenden Jahres die Wale aus den Frontverbänden ausschieden und zu den Schulen versetzt wurden, erhielten sie das Kennzeichen S6+...

Für den Dornier-Wal war damit das Kapitel »Luftwaffe« praktisch beendet. Das Nachfolgemuster Do18 rückte 1936/37 in die See-Fernaufklärer-Verbände ein.

1936 brach der Spanische Bürgerkrieg aus. Für die Wale der spanischen Luftwaffe fehlte der Nachschub an Lorraine-Motoren, so daß mehr und mehr Boote verschwanden. Am 18. Juli 1936 waren noch 15 Wale vorhanden. Davon besaßen W.15 und W.16 Hispano-Suiza-12Lbr-Motoren von je 600 PS; W.17 bis W.32 erhielten den bei der spanischen Firma Elizalde gebauten A.5-Motor, den

Militär-Wal der 2. Staffel, Küstenfliegergruppe 106.

Nachbau des französischen Lorraine 12 Ed. Von dieser Serie gingen W. 20, W. 23 und W. 28 durch Unfälle verloren. Als sich die feindlichen Fronten klar herauskristallisiert hatten, stellte sich heraus, daß die republikanische Luftwaffe über fünf Militär- und zwei zivile L.A.P.E.-Wale verfügte. Die nationalspanischen Truppen besaßen zehn Militär-Wale. Diese erhielten italienische Isotta-Fraschini-»Asso«-Motoren mit einer Leistung von 500 PS. Die republikanischen Wale spielten, schon aufgrund der Nachschubschwierigkeiten, im Bürgerkrieg keine große Rolle. Die nationalspanischen Wale entwickelten, nachdem die italienischen Motoren eingebaut waren, eine bemerkenswerte Betriebsamkeit. Sie wurden rund um die iberische Halbinsel und im Mittelmeer aktiv. Aus den zehn Walen wurde die »Grupo IG 70« gebildet. Die 70 diente als Typennummer der Nationalspanier. Die spanischen Militär-Wale erhielten folglich Gruppen-Kennzeichen; beginnend mit 70-1. Einer Staffel dieser Gruppe gelang es im Oktober 1936, die republikanischen Häfen an der Cantabrischen Küste zu blockieren. Im November verlegte die IG 70 von Cadiz nach Alcudia auf Mallorca. Die meisten dieser Wale hatten mehr als ein Dutzend Dienstjahre hinter sich. Trotzdem blieben sie zum großen Teil auch nach dem Bürgerkrieg noch einige Jahre in Dienst.

Die deutsche Luftwaffe erhielt bis zum 1. April 1937 43 Militär-Wale, die restlichen drei kamen im Laufe

Dornier-Militär-Wale der Küstenfliegergruppe 106.

Beim Militär-Wal befanden sich im hinteren Teil des Bootskörpers zwei Drehlafetten mit MG 15.

des April. Neun Seefliegerstaffeln, darunter die Wale der 2./KüFlGr. 106, nahmen im September 1937 an den Luftwaffen-Manövern teil.

Am 14. Februar 1936 traf die Lufthansa auf der Südatlantikstrecke ein schwerer Verlust: Der 10-t-Wal Do J IIf Bos, Werknr. 299, D-ADYS »Tornado« ging auf einem Flug von Fernando Po nach Bathurst verloren.

Im Mai 1936 fand die erste Probefahrt des neuen Katapultschiffes »Ostmark« statt, das aufgrund der Erfahrungen mit »Westfalen« und »Schwabenland« als Neubau – nicht als Umbau – entstanden war. Im Sommer 1937 kam noch das Motorschiff »Friesenland« dazu, mit dem dann die ersten Probeflüge über den Nordatlantik durchgeführt wurden. Daran waren die Wale aber nicht mehr beteiligt. Sie hatten die Pionierarbeit geleistet; jetzt traten modernere Flugzeuge an ihre Stelle. Freiherr von Buddenbrock urteilte:

»Auf den Weltstrecken gibt es nun keine Eroberungen mehr zu machen. Die Fragen, die uns heute beschäftigen, gehen nur dahin, wie häufig, wie wirtschaftlich und wie sicher geflogen werden kann.«

Spanischer Militär-Wal mit Isotta-Fraschini-Motoren.

Spanischer Militär-Wal nach Ende des Bürgerkrieges. Im Hintergrund der Schwere Kreuzer »Canarias«.

Der 10-t-Wal »Tornado«, D-ADYS, Werknr. 299, ging am 15. Februar 1936 verloren.

TORNADO
LUFT HANSA

Die letzten Flüge und das Ende der Wale

Während die militärische Laufbahn der Dornier-Wale in Deutschland zu Ende ging, flogen sie als zivile Maschinen stetig und zuverlässig weiter ihre Postflüge über den Südatlantik. Diese Zuverlässigkeit führte dazu, daß die dänische Regierung den 10-t-Wal D-AFAR »Samum« (Werknr. 297) für eine Arktis-Expedition ankaufte. D-AFAR erhielt dänische Kennzeichen und den Namen »Perssuak«. Das zu lösende Forschungs-Problem bestand darin, daß verschiedene Polar-Forscher die Existenz einer Inselgruppe im Bereich von Spitzbergen und Grönland annahmen, die sie vorläufig als »Fata Morgana«-Inseln bezeichneten. Unter Leitung des dänischen Professors Dr. Lauge-Koch wurde das Expeditionsschiff »Gustav Holm« als Basis für die Erkundungsflüge des »Perssuak« in der Kingsbay bei Spitzbergen stationiert. Am 15. Mai 1938 startete »Perssuak« um 20.20 Uhr zum ersten Mal. Im Treibstofftank befanden sich 390 Liter Flugbenzin. Das Flugboot stand während des ganzen Fluges in Funkverbindung mit der »Gustav Holm«. Nach zweieinhalb Stunden Flug meldete der Bordfunker, daß die Küste der *»Nordostrundung Grönlands in Sicht sei«.* Um 1.30 Uhr nachts traf der Funkspruch ein, man fliege nunmehr über unerforschtem Gebiet. Um 3.10 Uhr folgte die nächste Meldung, daß der Wal nun eine große Schleife rund um Pearyland fliege. Von hier aus nahm das Flugboot Kurs auf Spitzbergen. Die Sicht war während des ganzen Fluges gut. Die photographischen Aufnahmen, die Dr. Lauge-Koch während des ganzen Fluges machte, ergaben ein klares Bild über den Verlauf der Strecke. Das Ergebnis des 2200 km langen Fluges bezeugte: Die Fata Morgana-Inseln existierten nicht! Zwischen Grönland und Spitzbergen gab es also kein unbekanntes Land und Grönland erstreckte sich nicht bis zum Nordpol. Der nördliche Teil von Pearyland stellte sich lediglich als Halbinsel mit einer schwachen Verbindung zum Festland dar.

Dieser Flug regte in Deutschland die traditionelle Polarforschung wieder an. Gerade in der Antarktis-Forschung hatten deutsche Wissenschaftler Pionierarbeit geleistet. Georg Forster, der bereits an Cooks Antarktis-Expedition mit seinem Vater Reinhold Forster teilgenommen hatte, schrieb das erste Buch über die Antarktis überhaupt. Der Deutschbalte Gottlieb von Bellingshausen umfuhr als Admiral in russischen Diensten 1819/21 zum zweiten Mal den gesamten Erdteil Antarktis. Erich von Drygalski überwinterte 1902/1903 auf dem Forschungsschiff »Gauß« im Kaiser-Wilhelm-Land, das er entdeckte. Wilhelm Filchner stieß 1912 im atlantischen Sektor so weit wie kein anderer Forscher vor ihm nach Süden vor. Der Erste Weltkrieg legte alle deutschen Initiativen buchstäblich auf Eis. Doch schon 1925 schickte die Reichsmarine das Forschungsschiff »Meteor« wieder in antarktische Gewässer. Im Herbst 1938 ordnete Hermann

Göring in seiner Eigenschaft als »Beauftragter für den Vierjahresplan« die Deutsche Antarktis-Expedition 1938/39 an. Kapitän Alfred Ritscher, der Leiter dieser Expedition, äußerte sich 1939 über die technische Seite: *»Da im Rahmen der wissenschaftlichen Gesamtaufgabe der Erforschung eines noch völlig unbekannten Landteils des antarktischen Kontinents und der ihm vorgelagerten Gewässer der Kartographierung etwa neuentdeckten Landes eine besondere Bedeutung zukommt, entschloß man sich zur Anwendung der von Deutschland zur Blüte gebrachten Luftphotogrammetrischen Landesaufnahme... Sie ist für Expeditionen die geeignetste kartographische Methode. Nur setzt sie voraus, daß die Flugzeugbesatzungen in die Lage versetzt werden, auf Planflügen ein möglichst reiches Luftbildmaterial zu gewinnen, d.h. aber für die polaren Gebiete: Die Flugzeuge müssen unabhängig sein von den jeweiligen Startverhältnissen zu Lande oder zu Wasser, bei Flugbooten von Seegang und Eisverhältnissen. Damit ist die Wahl eines Katapultschiffes gegeben«.*

Die Lufthansa erkannte die Bedeutung des Unternehmens und stellte das im Südatlantik-Luftpostverkehr eingesetzte Motorschiff »Schwabenland« zur Verfügung; dazu die beiden 10-t-Wale »Passat« (D-ALOX ex D-2068, Werknr. 300) und »Boreas« (D-AGAT, Werknr. 298). Am 17. Dezember 1938 lief die

Der 10-t-Wal »Samum« D-AFAR diente als »Perssuak« unter dänischer Flagge bei der Grönland-Expedition des Professors Lauge-Koch.

»Schwabenland« aus Hamburg aus. Am 19. Januar 1939 erreichte das Schiff die Küste der Antarktis. Die Eisverhältnisse waren wider Erwarten günstig: Keine Packeis-Sperre lag auf dem Kurs; erst weiter westlich zeigte sich eine Blockade. Das Schiff drang trotz gewisser Bedenken weiter bis 5 Grad West vor. Am nächsten Tag wurde der erste Wal katapultiert. Dann gab es eine böse Überraschung. Kapitän Ritscher berichtet: *»Wir scheinen gefangen! Bevor wir aber mit Gewalt an einer Stelle den Durchbruch durch das uns einschließende Packeis versuchen wollen, soll das zweite Flugzeug, das sich auf Erkundungsflug längs der Küste befindet, die Gesamtheitslage überprüfen. Und tatsächlich entdeckte die Besatzung der Maschine von oben einen schmalen Ausweg aus den Eismassen; das Flugzeug leistet einen neuen, unerwarteten Dienst: Als Lotse am Himmel leitet es das Schiff auf gewundenen Wegen zurück ins offene Wasser. Mit größter Anspannung und Erwartung schauen die Kameraden in der Maschine voraus in die weiße Unendlichkeit: Schelfeis – Eis und nochmals Eis – und dann plötzlich einzelne Bergspitzen, die aus dem Eise hervorlugen. Berge folgen, und schließlich türmen sich große Gebirgsmassive vor der staunenden Flugzeugbesatzung: rotbraune bis dunkle Klötze, unwahrscheinlich scharfe Felsspitzen und -grate. Die im Flugzeug eingebauten Reihenmeßbildkammern nehmen Stück um Stück der Landschaft automatisch auf, sie sehen mehr und gründlicher als das Menschenauge und halten das Gesehene fest; sie werden uns die absolut verläßlichen Unterlagen für die spätere Kartierung des entdeckten Landes geben. Und nun folgt an den Schönwettertagen Flug auf Flug: Insgesamt können sieben Foto- und sieben Erkundungsflüge außer den beiden Probeflügen durchgeführt werden. D-ALOX »Passat« und D-AGAT »Boreas« werden abwechselnd zu den Flügen eingesetzt, die zum Teil über neun Stunden dauern. In einer Gesamtflugzeit von 86 1/2 Stunden werden etwa 16000 km (= Luftweg Berlin – New York – Hawaii) zurückgelegt und rund 600000 km² nie vorher von Menschenaugen geschautes Land erkundet. Mit den Reihenmeßbildkammern werden davon 350000 km² in über 11000 sich überlappenden Aufnahmen fotogrammetrisch erfaßt, so daß erstmalig von einem Antarktisgebiet dieser Größe eine verläßliche Karte gefertigt werden kann. — Der erkundete Landteil liegt zwischen 20 Grad Ost und 11 1/2 Grad West und erstreckt sich vom 70. bis zum 76 1/2. Grad südlicher Breite. Gebirgszüge durchstoßen in ihm den mächtigen Panzer des Inlandeises und ragen in Höhen von mehr als 4000 m. Hinter ihnen steigt polwärts die Eisfläche mehr und mehr an. Unsere Flugzeuge wollten noch weiter nach Süden vorstoßen, aber diese gewaltige Hochfläche, die sich auf über 4000 m empor wölbt, gebot ihnen Halt. Ihre Gipfelhöhe reichte nicht aus«.*

Die Expedition mußte umkehren, aber der Wal kennzeichnete alle Umkehrpunkte im äußersten Süden durch Abwurfpfeile mit der deutschen Flagge. Neben den fliegenden Besatzungen gab es auch für die Wissenschaftler – ein Biologe, ein Erdmagnetiker, ein Geograph, zwei Meteorologen und ein Ozeanograph – kaum eine ruhige Minute. Am 6. Februar 1939 traf die Deutsche Antarktis-Expedition wieder im heimatlichen Hafen ein. Besatzungen, Schiff und die Wale hatten hervorragende Arbeit geleistet.

Am 1. September 1939 begann der Krieg mit Polen, Frankreich und Großbritannien. An die Leistungen der Wale in Krieg und Frieden dachte keiner mehr.

Heutige Besucher des Antarktis-Instituts in Bremerhaven suchen vergeblich nach Erinnerungen an die Forschungsarbeit der Wale in der Antarktis.

Die Aviolanda-Wale waren 1939 bis auf D-41 bis D-46 als überaltert abgeschrieben worden. Die restlichen beiden Boote wurden 1942 beim Angriff der Japaner vernichtet. Gronaus Wal D-1422 verbrannte 1944 beim Terrorangriff auf München im Deutschen Museum. In allen anderen Ländern wurden die Wale wegen Überalterung abgewrackt. Lediglich in Spanien waren 1940 noch 14 Wale in Gran Canaria stationiert. Sie bildeten die 54. Escuadrilla. Ein paar Jahre später flog die 51. Escuadrilla in Melilla noch einige Wale. Der letzte spanische Wal ging am 25. September 1950 durch Unfall verloren. Der einzige noch existierende Wal dürfte Ramon Francos M-MWAL »Plus Ultra« sein, den Besucher des Museums Lujan in Argentinien (zumindest) 1984 noch bestaunen konnten.

Anhang

Allgemeine Baubeschreibung des Dornier »Wal« Stand: 1935/36

Verwendungszwecke:
Das Muster Wal ist für den Verkehr über größere offene Seestrecken bestimmt. Neben guten Flugleistungen und -Eigenschaften ist vor allem die Erzielung größtmöglichster Betriebssicherheit im Verein mit hoher Seefähigkeit angestrebt worden. Seine Verwendung kommt vor allem für folgende Zwecke in Frage:

1. Als Verkehrsflugzeug für gemischten Personen-, Post- und Frachtverkehr über mitteler Seestrecken (ca. 1000-1500 km).
2. Als Langstreckenpostflugzeug über große Strecken (von 2000-3000 km).
3. In Sonderausführungen als Militärflugzeug.

Die Ausstattung wird jeweils der besonderen Aufgabe entsprechend im Einvernehmen mit dem Auftraggeber ausgeführt. Für die Verwendung im Militär- und Marinedienst kommen vor allem Fernaufklärung mit Bild- und Funkgerät, Bombenabwurf, Vernebelung, Luftkampf in Frage. Durch seine Seetüchtigkeit ist der Wal befähigt, auf offener See weitgehendst mit Verbänden einer Hochseeflotte zusammenzuarbeiten.

Aufbau, Material, Bauweise
Der Dornier-Wal ist ein eigenstabiles, als Anderthalbdecker ausgebildetetes, zweimotoriges Flugboot. Die nötige Querstabilität auf dem Wasser wird durch die organisch mit dem Bootskörper verbundenen patentierten Flügelflossen erzielt, so daß die sonst üblichen, im Seegang nachteiligen Stützschwimmer in Wegfall kommen. Das Flugboot ist wie alle Dornier-Flugzeuge vollständig aus Metall erbaut. Besonders lebenswichtige, hochbeanspruchte Teile sind aus hochwertigem Stahl, die übrige Konstruktion aus Duraluminium. Die Bespannung der Tragflügel und des Höhenleitwerks besteht aus Stoff. Die beiden Motoren sind in einer

Tandem-Gondel vereinigt, wodurch der Vorteil erzielt wird, daß auch bei Ausfall eines Motors die Antriebskraft stets in der Symmetrieebene des Flugzeuges angreift und somit die volle Steuerfähigkeit und Wendigkeit gewahrt bleibt. Zur Erreichung größter Betriebs- und Bausicherheit sind neben den neuesten behördlichen Vorschriften vor allem die umfangreichen praktischen Erfahrungen des Flugbetriebes berücksichtigt.
Möglichste Erleichterung des Anlandsetzens ist vorgesehen. Das Flugboot kann sowohl durch eine vorhandene Heißvorrichtung mittels Kran aus dem Wasser genommen werden wie unter Verwendung rasch ansetzbarer schwimmfähiger Räder mit eigener Kraft auf flachem Strand an Land rollen, so daß für das Manöver des Ein- und Ausbringens nur wenig Personal erforderlich ist. Eine weitere Erleichterung des Manövrierens wird durch den am Heck angebrachten Schlepphaken erzielt, der es ermöglicht, vom Führersitz aus die Schleppverbindung zu lösen.
Wartung und Instandsetzung sind denkbar einfach. Es ist besonders darauf Rücksicht genommen, daß alle Teile auch des Bootsinnern vollständig zugänglich sind, so daß Reinigung und Konservierung überall gut möglich ist.

Das Boot

Die Formgebung des Bootskörpers ist auf Grund der Erfahrungen mit den bisherigen Walbooten entwickelt. Der Bootskörper zeigt scharfe Spantformen, die sogenannte Kielung, die allmählich in einen flachen Boden übergehen. Der Mittelteil des Bodens hat eine Längsstufe, die eine Verringerung der Stöße beim Start im Seegang erzielt. Die Querstufe von mäßiger Höhe geht über die ganze Breite des Bootes. Hinter der Hauptstufe ist der Bootsboden kräftig hochgezogen und läuft in ein schlankes Heck aus, das zum Schutz des Seitenruders über dieses hinaus verlängert ist. Zur Führung beim Manövrieren im Wasser und Erleichterung des weichen Einsetzens liegt hinter der Hauptstufe ein flossenartiger, in eine scharfe Schneide auslaufender Kielansatz.
Zur Erhaltung der Stabilität auf dem Wasser sind beiderseits an dem Bootsrumpf die alle Dornier-Flugboote kennzeichnenden Flügelflossen angesetzt, die an ihrer Wurzel in sanfter Ausrundung in die Seitenwände des Bootes übergehen.
Der Querverband des Bootes besteht aus 25 Spanten, die zumeist als Rahmenspanten ausgebildet sind, während einige, die besonders hohe Kräfte zu übertragen haben, eine Ausfachung aufweisen. Die beiden Hauptspanten liegen in den Ebenen der Flügelholme und setzen sich nach außen in die Holme der Flügelflossen fort. Sechs Spanten sind wasserdichte Schottspanten, die den Bootskörper in 7 Abteilungen trennen. Die Lage der Querschotten ist derart angeordnet, daß jederzeit zwei beliebige Räume vollaufen können, ohne daß Schwimmfähigkeit und Stabilität des Bootes gefährdet werden. Ebenso wie das Boot selbst, sind auch die Flügelflossen durch Schotten unterteilt.
Der Längsverband des Bootes wird durch im Innern des Bootes auf dem Bootsboden befindliche Kielschweine und Kimmstringer in Verbindung mit der Außenhaut erzielt. Die bei früheren Wal-Booten vorhandenen außenliegenden Versteifungs-Profile des Bootsbodens sind weggefallen, so daß die Bootsunterseite eine vollkommen glatte Fläche bildet. Als Material für Spanten und Längsverbände kommen gepreßte bzw. gezogene Duralprofile zur Verwendung, die an besonders beanspruchten Stellen durch Teile aus hochwertigem Stahl verstärkt sind. Sämtliche Schottwände sind durch wasserdicht verschließbare Türen passierbar. Dabei ist darauf geachtet, daß das Türsüll immer so hoch liegt, daß im Falle des Vollaufens einer Abteilung das Wasser nicht über das Süll

Technische Daten der Dornier Wal-Familie

Betreff	GS I	Militärwal 1. Version	Militärwal 2. Version	Verkehrswal 1. Version	Verkehrswal 2. Version	8,5-t-Wal	10-t-Wal	Superwal zweimotorig	viermotorig
Baujahr	1918/19	1922	1934/36	1923	1930/31	1930/33	1933	1926	1927
Triebwerk	Maybach Mb IVa 2x270 PS	Rolls-Royce Eagle IX 2x360 PS	BMW VI ohne Getr. 2x690 PS	Rolls-Royce Eagle IX 2x360 PS	BMW VI ohne Getr. 2x690 PS	BMW VI ohne Getr. 2x690 PS	BMW VI mit Getr. 2x690 PS	Rolls-Royce Condor 2x650 PS	Siemens Jupiter 4x525 PS
Besatzung/Fluggäste	2/6	3	4	3/9	3/14	4	5	4/19	4/19
Spannweite	21,0 m	22,5 m	23,2 m	22,5 m	23,2 m	23,2 m	27,2 m	28,6 m	28,6 m
Länge	15,3 m	17,25 m	18,2 m	17,25 m	18,2 m	18,2 m	18,2 m	24,6 m	24,6 m
Höhe	4,7 m	5,2 m	5,5 m	5,2 m	5,5 m	5,5 m	5,8 m	5,85 m	6,0 m
Flügelfläche	80 m^2	96 m^2	96 m^2	96 m^2	96 m^2	96 m^2	112 m^2	143 m^2	137 m^2
Rüstgewicht	3115 kg	3560 kg	5500 kg	3630 kg	5050 kg	5475 kg	6215 kg	8000 kg	9850 kg
max. Zuladung	1200 kg	2140 kg	3000 kg	2070 kg	2950 kg	3025 kg	3785 kg	2500 kg	4150 kg
max. Fluggewicht	4315 kg	5700 kg	8500 kg	5700 kg	8000 kg	8500 kg	10000 kg	10500 kg	14000 kg
Höchstgeschwindigkeit	170 km/h	180 km/h	220 km/h	185 km/h	225 km/h	225 km/h	220 km/h	180 km/h	210 km/h
Steigzeit bis 3 km Höhe	8 min auf 1000 m	33 min	40 min	30 min	35 min	35 min	25 min mit G = 8000 kg	---	---
Dienstgipfelhöhe	4250 m	ca. 3500 m	3000 m	ca. 3500 m	3000 m	3000 m	3500 m	1700 m	2000 m

steigt, so daß auch, wenn versehentlich eine Schott-Türe offen bliebe, keine unmittelbare Gefahr eintritt.
Für die Verwendung als Verkehrsflugboot ergeben sich im wesentlichen folgende zwei Anordnungen, die noch den Wünschen der betreffenden Abnehmer entsprechend in Einzelheiten Änderungen erfahren können.
Der Bugraum des Rumpfes wird als Kollisionsraum abgeschottet und nimmt die Seeausrüstung auf. Er kann von oben durch ein wasserdicht verschließbares Mannloch begangen werden. Hinter dem Kollisionsraum liegt ein Gastraum für 8 Fluggäste, die durch eine Decksluke mit einer darunter liegenden Treppe vom Bug her einsteigen können. Dahinter, unmittelbar vor dem vorderen Hauptspant, liegt der Führerraum mit nach oben offenen Führersitzen. Geräte und Vorrichtungen für die Triebwerks-Bedienung und Flugzeugführung sind auf einer vor den Führersitzen angeordneten Gerätetafel vereinigt und können vom Führersitz aus leicht übersehen und betätigt werden. Dahinter zwischen den beiden Hauptspanten liegt ein weiterer Gastraum mit 6 Sitzen, die längs der Bordwände angeordnet sind. Dahinter liegt auf Steuerbord der Toilettenraum, auf Backbord der Funkraum.
Wird das Flugboot für lange Strecken eingesetzt, so kann der zweite Fluggastraum für den Einbau von Zusatzbrennstoffbehältern Verwendung finden.
Anstelle dieser Anordnung kommt auch folgende Raumeinteilung in Frage: Kollisionsraum, Führerraum, dahinter Niedergangsluke und Steuerbord Toilettenraum, Backbord Funkraum. Anschließend zwei Passagierräume für zusammen 10 Fluggäste, dahinter Gepäck- und Frachtraum.
Für Verwendung als Langstrecken-Postflugzeug empfiehlt sich beispielsweise folgende Raumeinteilung: Kollisionsraum, Führerraum, Funk- und Navigationsraum, Post- und Frachtraum, Zusatztankraum und rückwärtiger Frachtraum.
Je nach besonderen Verwendungszwecken und den Wünschen des Auftraggebers sind Änderungen dieser Raumeinteilungen möglich.

Flügel

Die Flügel zeigen über den größten Teil der Spannweite parallel geführte Ein- und Austrittskanten und an den Enden elliptische Umrißform und schließen beiderseits an das die Triebwerksanlage aufnehmende Flügelmittelstück an. Der Flügelverband besteht aus 2 Holmen aus Stahlfachwerk, die durch Querriegel verbunden sind. Die entsprechenden rechteckigen Felder sind mit Profildrähten verspannt. Im Bereich des Schraubenstrahls sind die Flügel mit Blech beplankt, im übrigen mit Stoff bespannt. Jede Flügelhälfte wird durch 2 Stiele gegen die Flügelstummel abgestützt. Das Leitwerk ist wie üblich auf der Heckspitze des Rumpfes aufgesetzt und mit ihr durch lösbare Bolzen verbunden. Sämtliche Flossen und Ruder sind mit Stoff bespannt. Durch Verstellung der Höhenflosse mittels Handrad vom Führersitz aus können durch Gewichtsverschiebungen längs der Rumpfachse verursachte Steuerdrücke ausgeglichen werden.
Sämtliche Steuerzüge liegen im Innern von Boot und Flügel; um Reibung und toten Gang der Steuer möglichst zu verringern, erfolgt Betätigung der Ruder nach Möglichkeit durch Zug- und Druckstangen. Die Wahl der Übersetzung der Steuerbetätigung ist so getroffen, daß die bei Ruderbetätigung auftretenden Kräfte gering und gut gegeneinander abgestimmt sind.

Triebwerk

Der Antrieb besteht aus zwei in einer oberhalb des Flügels liegenden Tandemgondel eingebauten Motoren. Der vordere Motor treibt eine Zug-, der hintere eine Druckschraube an. Die Motorengondel

ist während des Fluges vom Boot aus zugänglich, so daß Arbeiten an den Motoren auch während des Betriebes ausgeführt werden können. Die Ausbildung der Kühlung richtet sich nach den zur Verwendung kommenden Motoren. Zum Einbau eignen sich fast alle auf dem Markte befindlichen Flugmotoren zwischen 400 und 700 PS.
Soweit schnell laufende Motoren in Frage kommen, empfiehlt sich wegen des besseren Wirkungsgrades die Verwendung von Untersetzungsgetrieben.

Der Brennstoff wird auf 8 Behälter verteilt, die nicht mehr wie bei dem alten Modell im Boote, sondern in den außerhalb liegenden Flügelflossen eingebaut sind. Das Gesamtfassungsvermögen beträgt 1400 Liter. Es wird hierdurch erreicht, daß sich im normalen Betrieb innerhalb des Bootskörpers überhaupt kein Brennstoff befindet. Die Entnahmeleitungen der Behälter werden nach einem Sammeltopf geführt, von hier aus wird der Brennstoff von den durch die Motoren angetriebenen Förderpumpen den Vergasern zugeführt. Für die Unterbringung weiteren Brennstoffes kann bei Bedarf der zwischen den beiden Hauptspanten liegende für Normalbetrieb als zweiter Fluggastraum vorgesehene Raum ausgenützt werden. Die Öltanks von 60 Liter Fassungsvermögen befinden sich in der Motorgondel.

Ausrüstung und Ausstattung

Ausrüstung und Ausstattung des Bootes richten sich weitgehendst nach den Wünschen des jeweiligen Auftraggebers. Normalerweise sind von uns vorgesehen: Vollständige Beleuchtungsanlage für Funkraum, Innenräume, Positionslichter; Feuerlöschanlage, Lenzanlage und die für den Betrieb auf See notwendige Seeausrüstung, die vor allem Seeanker, Treibanker mit den nötigen Leinen sowie Wurf- und Verholleinen und Persennings umfaßt.

20 Weltrekorde des Dornier-Wal mit Nutzlasten

am 4., 9., 10. und 11. Februar 1925

■ 250 kg Nutzlast

Geschwindigkeit über 100 km	168,525 km/h
Geschwindigkeit über 200 km	168,525 km/h
Geschwindigkeit über 500 km	168,525 km/h

■ 500 kg Nutzlast

Geschwindigkeit über 100 km	168,525 km/h
Geschwindigkeit über 200 km	168,525 km/h
Geschwindigkeit über 500 km	168,525 km/h

■ 1000 kg Nutzlast

Entfernung	507,380 km
Geschwindigkeit über 100 km	168,525 km/h
Geschwindigkeit über 200 km	168,525 km/h
Geschwindigkeit über 500 km	168,525 km/h

■ 500 kg Nutzlast

Dauer	6 h 33 min 35 s
Entfernung	507,380 km
Gipfelhöhe	3682 m
Geschwindigkeit über 100 km	168,525 km/h
Geschwindigkeit über 200 km	168,525 km/h
Geschwindigkeit über 500 km	168,525 km/h

■ 2000 kg Nutzlast

Entfernung	253,690 km
Gipfelhöhe	3005 m
Geschwindigkeit über 100 km	133,781 km/h
Geschwindigkeit über 200 km	134,514 km/h

(Motoren: 2 Rolls-Royce Eagle IX)
(Piloten: Wagner und Grossio)

12 Weltrekorde des Dornier-Superwal

im Januar/Februar 1928

■ 1000 kg Nutzlast

Geschwindigkeit über 100 km	209,546 km/h
Geschwindigkeit über 1000 km	177,279 km/h

■ 2000 kg Nutzlast

Geschwindigkeit über 100 km	209,546 km/h
Geschwindigkeit über 500 km	179,416 km/h
Geschwindigkeit über 1000 km	177,279 km/h

■ 4000 kg Nutzlast

Dauer	6 h 1 min 56 s
Strecke	1000 km
Höhe	2845 m
Geschwindigkeit über 100 km	209,546 km/h
Geschwindigkeit über 500 km	179,416 km/h
Geschwindigkeit über 1000 km	177,279 km/h
Größte Nutzlast auf 2000 m Höhe	4037 kg

Hersteller-Übersicht

Dornier Wale und Superwale

Werknummer	Hersteller	Kennzeichen	Bemerkungen
Argentinien			
1	CMASA	Militär-Wal 1	Motor: Liberty
8	CMASA	Militär-Wal 1	Motor: Liberty
9	CMASA	Militär-Wal 1	Motor: Liberty
10	CMASA	Militär-Wal 1	Motor: Liberty
18	CMASA	Militär-Wal 1	Motor: Liberty
Brasilien			
34	CMASA	A-19, P-BAAA, ex P-BCAA, ex I-DOOR, D-1012	
35	CMASA	A-20, P-BAAB, ex I-DALG	
82	CMASA	P-BADA, ex I-AZDF, ex-D-1196	
83	CMASA	P-BACA, ex-I-AZDE, ex-D-1213, nach Bruch 3.12.28 PP-CAC	
107	CMASA	P-BALA, PP-CAL, ex I-AZDR, ex D-1488	+ 12.9.31
108	CMASA	P-BAMA, ex I-AZDS, ex D-1626	
109	CMASA	P-BAIA	
Chile			
52	CMASA	Nr. 10	Rolls-Royce »Eagle«
53	CMASA	Nr. 11	Rolls-Royce »Eagle«
54	CMASA	Nr. 12	Rolls-Royce »Eagle«
55	CMASA	Nr. 14	Rolls-Royce »Eagle«
86	CMASA	Nr. 15	Napier »Lion«
87	CMASA	Nr. 16	Napier »Lion«
88	CMASA	Nr. 17	Napier »Lion«
89	CMASA	Nr. 18	Napier »Lion«
Columbien			
81	CMASA	C-28, ex I-AZDD	
221	Dornier, Manzell	601	
222	Dornier, Manzell	602	
223	Dornier, Manzell	603	+ 25.11.1934

Werknummer	Hersteller	Kennzeichen	Bemerkungen
Dänemark			
297	Dornier, Manzell	Nr. 50 »Perssuak«, ex D-AFAR »Samum«	
Deutschland			
34	CMASA	I-DOAR = A-19 Atlantico = D-1012 = P-BAAA = PP-CAA	
35	CMASA	I-DALG = A-20 Pacifico	
37	CMASA	D-1422, ex N-25, ex G-EBQO	
41	CMASA	D-861 »Hai«, ex I-DOOR	+ 13.10.31
42	CMASA	D-862 »Sägefisch«, ex I-DIAR	
43	CMASA	D-863 »Thunfisch«, ex I-DAAR	+ September 1930
44	CMASA	D-864 »Hecht«, ex I-DIIR	+ 7.7.30 Bornholm
82	CMASA	D-1196, ex I-AZDF	
83	CMASA	D-1213, ex I-AZDE	
105	CMASA	D-1397, ex I-AZDP	+ September 1935
106	CMASA	D-1443, ex I-AZDQ	+ September 1935
107	CMASA	D-1488 »Hamburg«, ex I-AZDR	
108	CMASA	D-1626 »Flensburg«, ex I-AZDS, wurde D-ARIP	
109	CMASA	D-1647 »Bremerhaven«, ex I-AZDT	+ September 1935
110	CMASA	D-1648 »Helgoland«, ex I-AZDU, wurde D-APYL	
118	Dornier, Manzell	D-1115 Superwal	Severa-DVS
143	Dornier, Manzell	D-1337 Superwal »Pottwal«	Severa-DVS
146	Dornier, Manzell	D-1447 Superwal »Graf Zeppelin«	Lufthansa
147	Dornier, Manzell	D-1255 Superwal »Narwal«	Lufthansa
148	Dornier, Manzell	D-1385 Superwal	Severa-RLI-DVS
172	Dornier, Manzell	D-1500 Superwal »Blauwal-Eckener«	Lufthansa
184	Dornier, Manzell	D-2112 Do J II Bas	
185	Dornier, Manzell	D-2068 Passat, wurde D-ALOX	Lufthansa
190	Dornier, Manzell	D-1761 Superwal »Rügen	Lufthansa
192	Dornier, Manzell	D-1774 Superwal »Fehmarn«	Lufthansa
210	Dornier, Manzell	D-2069 »Monsun«, wurde D-ABIR	Lufthansa
217	Dornier, Manzell	D-2489, wurde D-AGOF	RLI
218	Dornier, Manzell	D-2474	RLI
219	Dornier, Manzell	D-2294	DVS
223	Dornier, Manzell	D-2053	DVS
224	Dornier, Manzell	D-2159, wurde D-AGUS	DVS (Sh 20)

Werknummer	Hersteller	Kennzeichen	Bemerkungen
225	Dornier, Manzell		DVS
236	Dornier, Manzell	D-2488, wurde D-AGAF	DVS
237	Dornier, Manzell	D-2399 »Taifun«, wurde D-AKER	Lufthansa
247	Dornier, Manzell	D-3018, wurde D-ABAU	E. St. Travemünde
248	Dornier, Manzell	D-3019, wurde D-ABER	E. St. Travemünde
249	Dornier, Manzell	D-3020, wurde D-ATEZ	E. St. Travemünde
250	Dornier, Manzell	D-3021, wurde D-ABAS	E. St. Travemünde
251	Dornier, Manzell	D-3022, wurde D-ADEN	E. St. Travemünde
252	Dornier, Manzell	D-3023, wurde D-AFIS	E. St. Travemünde
296	Dornier, Manzell	D-3024, wurde D-ADOR	DVS
297	Dornier, Manzell	D-AFAR »Samum«	Lufthansa
298	Dornier, Manzell	D-AGAT »Boreas«	Lufthansa
299	Dornier, Manzell	D-ADYS »Tornado«	Lufthansa + 15.2.36
300	Dornier, Manzell	D-2068 »Passat« wurde D-ALOX	Lufthansa
546	Dornier, Manzell	D-AHET	Luftwaffe
547	Dornier, Manzell	D-AHYS	Luftwaffe
548	Dornier, Manzell	D-ASIV	Luftwaffe
549	Dornier, Manzell	D-ASYK	Luftwaffe
550	Dornier, Manzell	D-ATIK	Luftwaffe
551	Dornier, Manzell	D-AVUN	Luftwaffe
552	Dornier, Manzell	D-AGOT	Luftwaffe
553	Dornier, Manzell	D-AKEK	Luftwaffe
554	Dornier, Manzell	D-ALUK	Luftwaffe
555	Dornier, Manzell		Luftwaffe
556	Dornier, Manzell		Luftwaffe
639	Dornier, Manzell	D-ABAI	Luftwaffe
640	Dornier, Manzell	D-AHUV	Luftwaffe
641	Dornier, Manzell	D-APEI	Luftwaffe
642	Dornier, Manzell	D-AXUO	Luftwaffe
643	Dornier, Manzell	D-AFUV	Luftwaffe
644	Dornier, Manzell	D-ABAV	Luftwaffe
645	Dornier, Manzell	D-AJUI	Luftwaffe
646	Dornier, Manzell	D-APOE	Luftwaffe
647	Dornier, Manzell	D-ABYA	Luftwaffe
648	Dornier, Manzell	D-AGAA	Luftwaffe
649	Dornier, Manzell	D-ALEO	Luftwaffe
650	Dornier, Manzell		Luftwaffe
651	Dornier, Manzell	D-ASOU	Luftwaffe

Werknummer	Hersteller	Kennzeichen	Bemerkungen
652	Dornier, Manzell	D-ABOE	Luftwaffe
653	Dornier, Manzell	D-AQEU	Luftwaffe
673	Dornier, Manzell	D-AHEO	Luftwaffe
674	Dornier, Manzell		Luftwaffe
675	Dornier, Manzell	D-AHUI, Juli 1935 Jugoslawien D-7	
676	Dornier, Manzell	D-AKYM »Mistral«	Lufthansa
705	Dornier, Manzell	D-AHAU	Luftwaffe
706	Dornier, Manzell	D-AQEY	Luftwaffe
707	Dornier, Manzell	D-AXOU	Luftwaffe
708	Dornier, Manzell	D-ADOC	Luftwaffe + 4.9.40
709	Dornier, Manzell	D-AZEZ, wurde PD+AP	
Großbritannien			
37	CMASA	G-EBQO, ex N-25, wurde D-1422	
77	CMASA	G-CAJI	Notlandung im Atlantik, nach Montreal gebracht und verschrottet. Besatzung durch Dampfer »Minnewaska« gerettet. 2.8.1928
Italien			
19	CMASA	I-DEOR	Ministero Aeronautica (Locatelli)
33	CMASA	I-DAOR	wurde M-MWAH
34	CMASA	I-DOAR	wurde A19, D-1012, »Atlantico« P-BAAA, PP-CAA
35	CMASA	I-DALG	wurde A20 »Pacifico«
41	CMASA	I-DOOR	wurde D861
42	CMASA	I-DIAR	wurde D862
43	CMASA	I-DAAR	wurde D863
44	CMASA	I-DIIR	wurde D864 (+ 7.7.30 Bornholm)
47	CMASA	I-DAUR	S.A.N.A.
48	CMASA	I-DAER (-ABBN?)	S.A.N.A.
49	CMASA	I-DEAR	Unfall 1926: Umbau zu Superwal, Werknr. 144
50	CMASA	I-DOAR	S.A.N.A.

Werknummer	Hersteller	Kennzeichen	Bemerkungen
51	CMASA	ohne Reg.	+ 20.7.26 de Pinedo
57	CMASA	I-DEOR	an UdSSR
58	CMASA	I-DAIR	S.A.N.A.
65	CMASA	I-XAAF	Marina I, Ministero Aeronautica
66	CMASA	I-PLIF	+ 29.9.28, Ministero Aeronautica
68	CMASA	I-AYZY	S.A.N.A.
70	CMASA	I-AYZZ	S.A.N.A.
72	CMASA	I-AZAA	Aero Espresso
73	CMASA	I-AZDA	Aero Espresso
79	CMASA	I-AZDB	Aero Espresso + 24.12.29 Ägäis
80	CMASA	I-AZDC	Aero Espresso
81	CMASA	I-AZDD	an Transaerea, Columbien = C-28
82	CMASA	I-AZDF	wurde D-1196, P-BADA
83	CMASA	I-AZDE	wurde D-1213, P-BACA, PP-CAC
84	CMASA	I-AZDG	Aero Espresso
85	CMASA	I-AZDH	Aero Espresso + 10.6.30 Metylene
97	CMASA	I-AZDW	an UdSSR = IW 102
101	CMASA	I-AZDI	S.A.N.A. Notwasserung Tripolis 28.4.32
102	CMASA	I-AZDL	S.A.N.A. (+ 3.11.1932)
103	Piaggio	I-AZDM	Aero Espresso
104	Piaggio	I-AZDN	Aero Espresso
106	Piaggio	I-AZDQ	wurde D-1443, P-BAIA, PP-CAT
107	Piaggio	I-AZDO	wurde D-1488, P-BALA + 12.9.31
108	Piaggio	I-AZDS	wurde D-1626, P-BAMA, D-ARIP
109	Piaggio	I-AZDT	wurde D-1647
110	Piaggio	I-AZDU	wurde D-1648
111	Piaggio	I-AZDZ	S.A.N.A.

Werknummer	Hersteller	Kennzeichen	Bemerkungen
112	Piaggio	I-AZEA	S.A.N.A. Notwasserung 16.2.32 bei Malta, nach Malta geschleppt
113	CMASA	I-ASEB	4.7.31 Bruchlandung im Hafen von Neapel
114	Piaggio	I-AZEC	S.A.N.A.
125	Piaggio	I-AZDO	Aero Espresso
126	Piaggio	I-AZED	S.A.N.A.
136	Piaggio	I-....	Ministero Aeronautico (Bomber)
137	Piaggio	I-....	Ministero Aeronautico (Bomber)
138	Piaggio	I-....	Ministero Aeronautico (Bomber)
139	Piaggio	I-AZDP	Aero Espresso
140	Piaggio	I-AZDQ	S.A.N.A.
141	Manzell	I-RENE	S.A.N.A. Superwal
142	Manzell	I-RIDE	S.A.N.A. Superwal, 12.4.29 in Neapel verbrannt
143	Piaggio	I-AAVX	UdSSR
144	Piaggio	I-DEAR	S.A.N.A. Superwal 4mot.
145	Piaggio	I-RATA	S.A.N.A. Superwal 4mot.
146	Piaggio	I-CITO	S.A.N.A.
147	Piaggio	I-AZEE	Aero Espresso + 18.7.33 Piräus-Rhodos
149	Piaggio	I-AZEG	Aero Espresso + 20.7.1933
170	Piaggio	I-RONY	S.A.N.A. Superwal 4mot. + 21.11.30
171	Piaggio	I-RUDO	S.A.N.A. Superwal 4mot.
255	Piaggio	I-AZEF	S.A.N.A.
256	Piaggio	I-AZER	S.A.N.A.
Japan			
32	CMASA	J-BARH	bei Kawasaki zur Nr. 59 umgebaut
59	Kawasaki	J-COGI = J-BAAE	Japan Aerial Navigation
7	Kawasaki	J-BCBO	CMASA Nr. 32
8	Kawasaki	J-BCCO	Nihon Koku Yuso Kaisha
9	Kawasaki	J-BCDO	Nihon Koku Yuso Kaisha

Werknummer	Hersteller	Kennzeichen	Bemerkungen
Jugoslawien			
217	Manzell	D-8	ex D-2489, ex D-AGOF
245	Manzell	D-6	+ März 1935
675	Manzell	D-7	ex D-AHUI
Niederlande			
60	CMASA	D-1	
61	CMASA	D-2	
62	CMASA	D-3	
63	CMASA	D-4	
64	CMASA	D-5	
74/1	CMASA	D-6	Teile an Aviolanda dort Zusammenbau
75/2	CMASA	D-7	CMASA 74-76 wurden Aviolanda Werknr. 1-3
76/3	CMASA	D-8	
4	Aviolanda	D-9	
5	Aviolanda	D-10	Bei Ambon verunglück
6	Aviolanda	D-11	
7	Aviolanda	D-12	
8	Aviolanda	D-13	
9	Aviolanda	D-14	
10	Aviolanda	D-15	
11	Aviolanda	D-16	
12	Aviolanda	D-17	
13	Aviolanda	D-18	
14	Aviolanda	D-19	
15	Aviolanda	D-20	
16	Aviolanda	D-21	
17	Aviolanda	D-22	Bei Basrah verunglückt am 2.5.29
18	Aviolanda	D-23	20.5.29 verbrannt, Tanjong Priok
19	Aviolanda	D-24	
20	Aviolanda	D-25	
21	Aviolanda	D-26	Bei Surabaya verunglückt
22	Aviolanda	D-27	
23	Aviolanda	D-28	

Werknummer	Hersteller	Kennzeichen	Bemerkungen
24	Aviolanda	D-29	
25	Aviolanda	D-30	
26	Aviolanda	D-31	
27	Aviolanda	D-32	
28	Aviolanda	D-33	
29	Aviolanda	D-34	
30	Aviolanda	D-35	
31	Aviolanda	D-36	Bei Mapia verunglückt
32	Aviolanda	D-37	
33	Aviolanda	D-38	
34	Aviolanda	D-39	
35	Aviolanda	D-40	
36	Aviolanda	D-41	
37	Aviolanda	D-42	
38	Aviolanda	D-43	Abgeschossen über Surabaya
39	Aviolanda	D-44	Bei Evakuierung zerstört
40	Aviolanda	D-45	Durch Bomben zerstört
41	Aviolanda	D-46	Durch Bomben zerstört
		Die meisten bei Aviolanda gebauten Wale waren in Niederländisch-Indien eingesetzt und gingen 1939/1940 verloren.	
Norwegen			
36	CMASA	N-24	+ Juli 1925
37	CMASA	N-25 = G-EBQO = D-1422	
Portugal			
71	CMASA	Argus	+ 6.6.1927 vor Britisch-Guayana
Spanien			
1 (6.11.22)	CMASA	M-MWAA	W 1 »Valencia«
2 (21.3.23)	CMASA	M-MWAB	W 2
3	CMASA	M-MWAC	W 3 + 1924
4	CMASA	M-MWAD	W 4 + 1924
5	CMASA	M-MWAE	W 5 »Cataluna«
6	CMASA	M-MWAF	W 6
30	CMASA	M-MWAG	W 7 »Andalucia«
31	CMASA	M-MWAH	W 8 + XII/1928

Werknummer	Hersteller	Kennzeichen	Bemerkungen
33	CMASA	M-MWAI	W 9 ex I-DAOR + VI/1927
38	CMASA	M-MWAJ	W 10 + 1928
39	CMASA	M-MWAK	W 11 + 1925
40	CMASA	M-MWAL	W 12 »Plus Ultra«
74	CMASA	M-MWAM	W 13 »Numancia« Superwal
75	CMASA	M-MWAN	W 14 + 14.8.29 = 70-16
76	CMASA	M-MWAO	W 15
	CMASA		W 6 »Numancia« Superwal
	CASA		W 17
	CASA		W 18
	CASA		W 19
	CASA		W 20 + 1936
	CASA		W 21
	CASA		W 22
	CASA		W 23 + 1936
	CASA		W 24
	CASA		W 25
	CASA		W 26
	CASA		W 27
	CASA		W 28 + 1936
	CASA		W 29
	CASA		W 30
	CASA		W 31
	CASA		W 32
	CASA	EC-AAZ	L.A.P.E
	CASA	EC-YYX	L.A.P.E
	CASA	EC-YYY	L.A.P.E
Uruguay			
67	CMASA	Uruguay	+ Februar 1927
76	CMASA		= M-MWAO Spanien
UdSSR			
55	CMASA		
56	CMASA		
57	CMASA		ex I-DDER
90	CMASA		
91	CMASA		

Werknummer	Hersteller	Kennzeichen	Bemerkungen
92	CMASA		
93	CMASA	IW 103	
94	CMASA		
95	CMASA	IW 100	
96	CMASA		
97	CMASA	IW 103	ex I-AZDW
98	CMASA		
99	CMASA		
100	CMASA		
133	CMASA	IW 104	
134	CMASA	IW 105	
142	CMASA		ex I-AAVW
143	CMASA		ex I-AAWX
		20 weitere Wale wurden in der UdSSR auf der Werft in Taganrog gebaut, Daten über diese sind nicht ermittelt.	
USA			
189	Manzell	Superwal	Stout D. & C. Airlines
191	Manzell	Superwal	Stout D. & C. Airlines

Literatur-Nachweis

Bignozzi-Catalanotto: Aerei d'Italia. Rom 1962
von Buddenbrock: Atlantico-Pacifico. G.F.W. Düsseldorf 1965
Gütschow: Die deutschen Flugboote. Stuttgart 1978
Guidi: C.M.A.S.A. Rom 1973
Hümmelchen: Die deutschen Seeflieger 35-45. München 1976
Instituto de Historia y Cultura Aerea (Hrsg.): Aviones Militares Espanolas 1911-1986. Madrid 1986
Italiaander: Wegbereiter deutscher Luftgeltung. Berlin 1941
Nowarra: Die deutschen Flugzeuge 1933-45. München 1961
Nowarra: Die deutsche Luftrüstung 1933-45. Koblenz 1985
Nowarra: Die verbotenen Flugzeuge. Stuttgart 1980
Schawrow: Die Flugzeuge der UdSSR bis 1938. Moskau 1969
Streit: Flieger erobern die Welt. Stuttgart 1958
Stroud: European Transport Aircraft since 1910. London 1966
Supf: Flieger erobern Meere und Kontinente. München 1959
Völker: Die deutsche Luftwaffe 1919-1933. Stuttgart 1967